猛禽

觀察圖鑑 A FIELD GUIDE
TO THE RAPTORS
OF TAIWAN

林文宏 ● 著
鄭司維 ● 繪
台灣館 ● 編輯製作

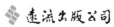
遠流出版公司

目錄
CONTENTS

森林的猛禽

76

曠野的猛禽

132

推薦序

　　站在新竹縣尖石鄉的溪谷，震撼地看著我人生的第一對林鵰。這兩隻大鳥從朦朧的霧中傲然現身，用極其沉穩的態勢在稜線下巡航，靜謐地在樹冠層表層穿梭。牠們獨特緩慢的飛行方式，加上巨大漆黑的身影，喚起人類對野性荒原的憧憬。在那個1991年的秋日，彷彿萬物都安靜下來，只剩溪谷淙淙的水聲。只是，一個物理系的大學生，怎麼會蹺了量子力學的課跑到山上？原來前一天，林文宏大哥在鳥會演講，順便招兵買馬。「明天我要上山找林鵰，」他說，「有沒有人要跟我一起去？」

　　林鵰，是文宏大哥早年的筆名；牠也是台灣翼展最大，但在過去百年之中最神祕、最晚被發現的留鳥。後來我才知道，為了追尋科學的真相，文宏大哥根本是勢在必行的。即使沒有我們加入，他仍然會上山，他就是要上山。早在他還在交大攻讀資工系的時期，通往部落的產業道路仍是顛簸的碎石子路，他就沿著先民的古道徒步走進新竹的山區，尋覓猛禽的神祕身影。為了研究猛禽而廢寢忘食，我們戲稱這叫做「鷹毒」。

　　四十年過去了，如今後輩們都說，文宏大哥就是「鷹毒」的始作俑者，而且是「超級帶原者」。超級帶原者有幾個特性：第一，他感染了非常多的人。第二，他攜帶的是最強大的品系，感染之後不太能治癒，終身無法擺脫。第三，就像很多超級帶原者一樣，他自己的症狀卻是內斂而不外顯。當我們這些菜鳥們仰望著天際的黑影鬼吼鬼叫，他只是安靜地記下每一隻猛禽的特徵，請我們仔細觀察，並在事後冷靜地為大家解說不同猛禽飛行姿態與習性的差異。漸漸地，感染鷹毒的人越來越多，猛禽研究也成為台灣生態保育不可或缺的一塊拼圖。

　　如今，文宏大哥淬礪數十年的鷹毒密技，再度透過這本書呈現在大家面前。1994年，「台灣猛禽研究會」由文宏大哥號召著一群好友們共同成立；賞鷹人從過去的單打獨鬥，逐漸匯集了一股保育的

力量。2006年，《猛禽觀察圖鑑》第一版問世，這本書的出版吸引了更多人踏入猛禽研究的殿堂。而由鄭司維先生負責的精緻圖繪，也讓猛禽的辨識特徵一覽無遺。

　　從一本書的編輯脈絡，可以讓我們一窺作者的內心歷程。本書鉅細靡遺地介紹了猛禽的知識框架，從全世界的分類、形態、習性、行為、以及賞鳥人最需要的觀察守則，一直到如何將珍貴的記錄化為公民科學的知識。本書的前段，可說是台灣最完整也最經典的猛禽研究工具書。對初次入門的賞鷹人來說，這絕對是必須再三研讀的知識。

　　科學研究是一個不斷更新的歷程。事隔15年之後發行增訂版，在這段期間，台灣記錄的猛禽數量也緩步攀升，包括一些意想不到的新記錄，以及過去懷疑、但未能正式確認的物種。本書新收錄了大家比較陌生的褐耳鷹、白腹鵰、靴隼鵰、栗鳶等，而鄭司維先生也再次為這些台灣的新成員留下了畫作的身影。幾乎每一種猛禽都更換了更清晰的照片，而對牠們的居留狀態，或是在台灣的行為特性，也有著更精緻的描述。相信對持有原版的鷹友來說，比對新舊版的文字和圖片差異，不但耐人尋味，更可以讓我們重溯猛禽研究在台灣的軌跡。

　　接近半個世紀，文宏大哥帶領著台灣猛禽研究的進程。在未來的歲月中，我們期盼這本書繼續邁向第三次、第四次……增訂版，引領更多人拿起望遠鏡，在烈日下探索著晴空，仰望這群讓人嘆為觀止的山林魅影。

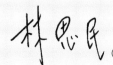

（台灣猛禽研究會理事長）

（台灣師範大學生命科學系教授）

如何使用本書

　　台灣有記錄的日行性猛禽已有 19 屬 35 種，此外本書亦收錄曾有可疑記錄但尚無正式記錄的 2 種，共達 37 種。由於種類不少，尋找、辨識與觀察亦有一定難度，為了讓讀者能輕鬆掌握訣竅，透過自導學習成為一個「觀鷹人」，故本書設定為全方位的猛禽觀察圖鑑，內容結合「入門」與「圖鑑」的功能。入門部分提供認識猛禽、如何尋找、如何辨識、如何記錄的完整觀察概念，而圖鑑部分則介紹各種猛禽的特色、適

學名：以《The eBird/Clements Checklist of Birds of the World》（2019）為準。本書學名採完整式，依序除屬名與種名外，尚列出命名者與命名年代；命名者及命名年代有加括號者，表示該屬名曾有異動

中名：以 2010 年《台灣鳥類誌》所用中名為主，少數新記錄種則採中華國民國野鳥學會 2017 年審定之「台灣鳥類名錄」

英名：以《The eBird/Clements Checklist of Birds of the World》（2019）為準

其他中名：較常見的其他中名，包括台灣各地常用俗名、中國大陸用名（以「中」表之）等

狀態：分為留鳥、夏候鳥、冬候鳥、過境鳥、迷鳥等（定義詳見→ P.34~35）

圖片：儘量採用在台灣所攝的生態照片，少數採於外國拍攝者

出現月份：
該種猛禽可能出現的月份
■留鳥
■遷移狀態（主要遷移期）
■遷移狀態（次要遷移期）
■度冬狀態

觀察時機：提供適合觀察該種猛禽的季節與時間上的建議

紅隼　*Falco tinnunculus* Linnaeus, 1758

種名源自拉丁文 *tinnunculus*=bell-ringer，意為「似鈴聲的」。⋯學意為「鳴聲似鈴聲的隼」
英名：Eurasian Kestrel
其他中名：茶隼
狀態：冬候鳥

紅隼雄成鳥　　　　　　　　　　　　　　　　　　劉川⋯

1	2	3	4	5	6	7	8	9	10	11	

觀察時機

尚稱普通的冬候鳥，於 10~3 月間於全台各地穩定度冬，3~4 月間陸續遷⋯返。近乎全天候，不畏陰濕、寒冷、強風等不佳天氣，整個白天皆活動，⋯時仍會捕食蝙蝠。

8

合觀察的時地線索,以及雌雄、成幼、停棲、飛行的繪圖及辨識重點。

在圖鑑部分,本書的一大特色是將猛禽依棲地分為兩大類型:森林的猛禽與曠野的猛禽,透過這樣的二分法,每次查閱鷹種時可優先排除較不可能出現的種類,大幅增加查索的效率。

另外,書中除了依棲地、屬別所排列的「目次查詢法」外,並提供相當實用的「辨識猛禽的流程」、「台灣猛禽形值分類表」、「台灣猛禽飛行輪廓剪影」,讓讀者可以快速分類查詢辨識,方便野外觀察與比對。

學名的意義 : 介紹該學名的涵義。種名字根採三段式敘述,第一段斜體字表拉丁文或希臘文、第二段正體字表英文、第三段表中文(其中屬名的意義敘述於「各屬簡介」,詳見→ P.76 及 P.132)

檢索頁眉 : 以不同顏色的色塊區分書中 19 屬猛禽

隼屬 *Falco*

分布圖:
該種猛禽的世界分布範圍概況
　繁殖地(夏季居留的範圍)
■留鳥(終年居留的範圍)
■度冬地(冬季居留的範圍)

猛禽給人的感覺多半是在高空騁馳,雖然帥氣,卻高高在上,難□。紅隼卻是例外,牠通常在低空覓食,常停棲於鄉間路邊的電桿□數甚至可生活的城鎮之中,宛如鄰家的小孩般,是隼科中最親近□一員。同時,紅隼是典型的曠野猛禽,不論飛行或停棲都明顯易□屬性既溫順又大方,可以說是最適合初入門的觀賞入觀察的對象。

□正如其名,是台灣猛禽中羽色最紅的一員,在辨識上不成問題。□非常相似的黃爪隼在台灣尚無記錄,可不予考慮。除了利用羽色來□。紅隼還有一項最好用的行為特徵——懸停,就是定點停在空中,□覷地面的獵物。牠是最善於利用懸停方式覓食的猛禽,在遠距離□清羽色時,觀覽人可以利用其懸停的行為來辨識。此外,懸停是□逆風的力量而達到平衡,懸停的猛禽頭部一定正對著風的來向,恰□成為判斷風向的風標。

□的飛行非常輕巧,氣質上相當瀟灑而輕鬆,可輕易地由地面盤旋□,一會兒又滑翔至低空,滑翔間經常鼓翼,鼓翼快而淺,似乎僅□端。常抓著小型獵物在空中邊飛邊進食。領域小且生性溫和,在□棲地為單獨生活,但在大的棲地可有數隻共同利用。遷移時通常單□成二、三隻零散地同行。

□隼並不常鳴叫,其鳴聲為非常急促的連續單音「喀喀喀喀⋯⋯」。□冬候鳥初抵度冬地時,與其他猛禽爭鬥時等幾種時機較常鳴叫。

主文 : 簡介該種猛禽的特色、辨識上的重點,與辨識有關的習性等

棲地類型:
該種猛禽長期居留時所偏好的棲息環境,分為 7 類(定義詳見→ P.28)
■主要棲地
■次要棲地

| □林 | 次生林 | 河湖水域 | 草澤浸地 | **草原荒地** | 裸岩懸崖 | 城鎮 |

何處尋覓

□曠野猛禽,習於在裸地或短草地上覓食,以平原農地最易見,海岸線及□常見。中高海拔有大片草地的農場偶爾可見。極少數個體可生活於城鎮□。飛時習慣停在地面上突起的土堆或地物、獨立木、電塔、電桿或電線、□角等處,若不受干擾會重複使用同一棲位。

何處尋覓 : 提供尋找該種猛禽的空間線索

中名

箭頭: 繪圖辨識重點提示

學名

繪圖: 以詳實的彩
繪圖,呈現該種的
典型特徵

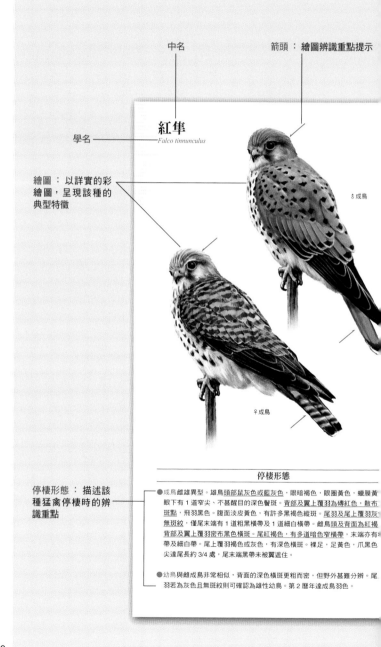

紅隼
Falco tinnunculus

♂ 成鳥

♀ 成鳥

停棲形態: 描述該
種猛禽停棲時的辨
識重點

停棲形態

● 成鳥雌雄異型。雄鳥頭部鼠灰色或藍灰色,眼暗褐色,眼圈黃色,蠟膜黃色,眼下有 1 道窄尖、不甚醒目的深色髭斑。背部及翼上覆羽為磚紅色,散布斑點,飛羽黑色。腹面淡皮黃色,有許多黑褐色縱斑。尾羽及尾上覆羽灰色無斑紋,僅尾末端有 1 道粗黑橫帶及 1 道細白橫帶。雌鳥頭及背面為紅褐色,背部及翼上覆羽密布黑色橫斑。尾紅褐色,有多道暗色窄橫帶,末端亦有粗黑帶及細白帶。尾上覆羽褐色或灰色,有深色橫斑。裸足,足黃色,爪黑色尖達尾長約 3/4 處,尾末端黑帶未被翼遮住。

● 幼鳥與雌成鳥非常相似,背面的深色橫斑更粗而密,但野外甚難分辨。尾羽若為灰色且無斑紋則可確認為雄性幼鳥。第 2 曆年達成鳥羽色。

飛行輪廓圖：
該種猛禽的飛行輪廓剪影及相關測量值。包含下列項目：
◎體長（L）：自嘴端至尾端的長度
◎翼展（WS）：兩翼翼端之間的長度
◎體型：分為巨、大、中、小 4 級（定義詳見→ P.42）
◎展長比：翼展相對於體長的比值
◎尾翼比：尾長相對於一邊翼長的比值

L: 33~39cm　WS: 68~76cm

隼屬 *Falco*

小

展長比：2.2　尾翼比：0.47

——— 檢索頁眉

♂成鳥

♀成鳥

♀成鳥（懸停）

飛行辨識頁底色：
■森林的猛禽
■曠野的猛禽

飛行辨識

翼窄長，滑翔時尾細長，整體輪廓纖瘦修長。但盤旋或懸停時常將尾全張，形成很大的扇形。
腹面色淡，但背部的紅褐色與翼端的黑色對比明顯，自遠距離即可看出。
飛行時雙翼水平。鼓翼快而淺。經常懸停。

飛行辨識：
描述該種猛禽飛行時的辨識重點，包括行為特徵

相似種辨異

爪隼體型較小。中央尾羽突出。雄鳥背上無斑點。爪為黃白色。
灰背雌鳥體型較小，翼形較寬短。背面褐色但不帶赤色，無橫斑。飛行時下翼面色較深。尾羽橫帶較明顯。飛行極迅捷，不懸停。

相似種辨異：
相似種的分辨要點

11

本書用詞解釋

(本書部分用詞已於相關章節內文詳加解釋,例如各部位的形態與結構,此處不再重複)

◆猛禽(raptors, birds of prey):在分類上屬於美洲鷲目、鷹形目、隼形目這三目的鳥類。

◆亞種(subspecies):同一種鳥,因地理分布的區隔,不同地區的族群可能有形態上的差異,經描述命名後即為該種的某一亞種。

◆單種屬(monotypic genus):一屬內僅有一種者。

◆類群(taxa):在分類學上,不論哪個階層,一群同類動物的集合稱呼。例如隼形目、鷹科、鵟屬等都是指一個類群。

◆群集(flocking):飛在一起的同種猛禽形成「群集」。猛禽可因共同覓食、耍玩、遷移等原因而形成群集。

◆遷移(migration):某些出生於北方的鳥類,每年規律地於秋季飛往溫暖的南方度冬、春季再返回北方繁殖的行為。

◆過境(passage):正在遷移的鳥類,通過某地區稱為「過境」該地。某種鳥於每年過境某地的期間通常很穩定,稱為該鳥在該地的「過境期」。

◆遊牧(nomadic):猛禽不規律的遷移方式,無一定的目的地,逐食物而居。

◆居留狀況(status):一種鳥類在一地區居住或停留的時間長短狀況,可分為留鳥、冬候鳥、夏候鳥、過境鳥、迷鳥等類。

◆辨識(identification):認出一隻猛禽的種類,甚至於雌雄與成幼。

◆氣質(jizz):指猛禽的行為習性特質,每種不同,可做為辨識的線索。

◆羽色(plumage):一隻特定猛禽於一段特定時期內,全身羽毛及其色彩與斑紋的集合,也稱為「羽衣」。

◆換羽(moult):鳥類因羽毛磨損,將舊羽脫落後長出新羽的過程。鳥類每年有規律性的換羽時程。

◆成鳥、成鳥羽色(adult, adult plumage):已獲成鳥羽色的鳥即視為成鳥,成鳥羽色終生不會再變化。

◆幼鳥、幼鳥羽色(juvenile, juvenile plumage):羽翼已豐剛離巢的鳥稱為幼鳥,此時的羽色為幼鳥羽色,與成鳥羽色通常有別。

◆中間羽色(intermediate plumage):大型的鳥類需數年才獲成鳥羽色,中間羽色是指介於幼鳥羽色與成鳥羽色之間的羽色。

◆亞成鳥(subadult):達到成鳥羽色的前一次羽色階段。用於陳述已接近成鳥的未成鳥。

◆未成鳥（immature）：所有達到成鳥羽色以前的各年齡皆稱之。

◆裸部（bare parts）：猛禽體表不長羽毛的部位，包括眼部、眼先、嘴喙、蠟膜、足部等。

◆曆年（calendar year）：依日曆所定義的年，以 1 月 1 日為一年之初、12 月 31 日為一年之終。鳥類的年齡若採曆年來陳述，某年出生的幼鳥在當年稱為「第 1 曆年」，次年 1 月 1 日起則稱為「第 2 曆年」，餘類推。

◆齡（*n*th plumage）：指 2 次換羽之間的羽色階段，用於陳述年齡，例如「第 2 齡羽色」是指第 1 次換羽至第 2 次換羽之間的羽色。

◆色型（morph）：同一種鳥在同一個年齡階段有一種以上的羽色變化，每種羽色稱為一個「色型」。猛禽常有淡色及深色兩種色型。

◆指叉（fingers）：猛禽飛行時，最外側的數枚初級飛羽因長且分離，形成指狀分叉。

◆指突：猛禽飛行時，最外側數枚初級飛羽突出於內側初級飛羽，肇因於其中某兩枚初級飛羽間的長度有明顯落差。

◆背面（upperparts）：鳥類飛行時，所有朝上的部位。包括頭頂、後頸、背部、上翼面、尾上覆羽、上尾面等部位。

◆腹面（underparts）：鳥類飛行時，所有朝下的部位。包括喉部、前頸、胸部、腹部、下翼面、尾下覆羽、下尾面等部位。

◆上翼面、下翼面（upperwing, underwing）：猛禽雙翼展開時，朝上的翼面為「上翼面」、朝下的翼面為「下翼面」。

◆上尾面、下尾面（uppertail, undertail）：猛禽飛行時，尾部朝上的面為「上尾面」、尾部朝下的面為「下尾面」。

◆斑、紋、帶、斑塊、塗彩：猛禽羽色的紋路，很短且可一一清楚分辨者稱為「斑」；呈長條狀者稱為「紋」、甚長且連貫整個部位（如翼、尾等）者稱為「帶」、大塊同一顏色的區域稱為「斑塊」、無斑紋且較淡的整片顏色稱為「塗彩」。

◆縱向、橫向：紋路的走向與身體頭尾方向平行者稱為「縱」，例如喉央線；與身體頭尾方向垂直者稱為「橫」，例如翼帶。

◆長短、寬窄：對於長方形的部位而言，較長部位的長度以「長短」敘述之、較短部位的長度以「寬窄」描述之。例如翼的長短是指兩翼端之間的長度、翼的寬窄則是指翼前後緣之間的長度。

猛  禽 觀

察　入　門

什麼是猛禽？

古代的中文典籍將鳥類區分為游禽、涉禽、猛禽、鳴禽……等數大類，其中，「猛禽」顧名思義是指凶猛的鳥類。同理，猛禽的英文 "raptor" 源自於拉丁文 *rapac*，意指「掠奪的、貪婪的」；而猛禽另一個常用的英文 "birds of prey" 其原意也是指「掠食的鳥」，皆與「猛禽」一詞有異曲同工之妙。不論是中文的「猛禽」或英文的 "raptor"，用最通俗的名詞來解釋，就是泛指「鷹隼」這一類的鳥。

此外，夜間活動的貓頭鷹雖然也是以掠食各種小動物為生，符合「猛禽」的原始定義，然而牠們在鳥類分類學上屬於另一大類——鴞形目（Order Strigiformes），與鷹隼所屬的 3 個目並無親緣關係。為了加以區隔，貓頭鷹通常被稱為「夜猛禽」（nocturnal raptors），強調其夜行特性，並與日間活動的鷹隼區分。本書並不討論夜猛禽。

不論是日間的鷹隼或夜間的貓頭鷹，皆廣布於全世界各大洲（南極洲除外），以各種小動物為食，為高級消費者，位居食物網的頂層，對生態系的平衡至為重要，應加以保育。

猛禽一直都受到人類的重視，自古以來其英勇的形象就是人類所崇敬的圖騰之一，即使在科學昌明的現代，欣賞猛禽飛行仍令人心嚮往之。在科學上，猛禽是一地生態系是否健全的重要指標物種，非常值得研究。在保育上，猛禽是以往受到人類迫害最嚴重的類群之一，現今更需加以保育。「欣賞、研究、保育」是我們面對猛禽應有的態度。本書期藉由入門觀察介紹及辨識圖鑑來為讀者開啟認識台灣猛禽之門。

猛禽的分類

鳥類分類學一直隨著時代而進步，鳥類學家會根據新的研究成果與科學證據來修訂已知的世界鳥類分類。早年的分類主要是根據形態特徵，之後行為、習性、鳴聲等也成為重要依據，近年隨著分子生物學的突飛猛進，透過分析 DNA 釐清其親緣關係已成為最令人信服的分類依據，但也使得鳥類名錄頻頻異動與更迭。以猛禽而言，2003 年由美國學者 Dickinson 氏所編著的《The Howard and Moore Complete Checklist of the Birds of the World》（第 3 版）一書中猛禽只有 1 個目（隼形目），3 個科，共計 304 種；但到了 2019 年由美國康乃爾大學鳥類學研究室

所編修的新版《The eBird/Clements Checklist of Birds of the World》中，猛禽成為 3 個目，5 個科，共計 325 種，變動甚大。本書所有猛禽的分類、學名、英名都以後者為準。

美洲鷲目	Order Cathartiformes	共 1 科 5 屬 7 種
美洲鷲科	Family Cathartidae	共 5 屬 7 種
鷹形目	Order Accipitriformes	共 3 科 71 屬 252 種
鷺鷹科	Family Sagittariidae	共 1 屬 1 種
鶚科	Family Pandionidae	共 1 屬 1 種
鷹科	Family Accipitridae	共 69 屬 250 種
隼形目	Order Falconiformes	共 1 科 11 屬 66 種
隼科	Family Falconidae	共 11 屬 66 種

台灣的猛禽

台灣的面積雖小，但因許多獨特的自然因素交互影響，包括：溫暖的亞熱帶氣候、季風與颱風帶來的豐沛雨量、年輕地史形成的高山峻嶺、自平原至高山的垂直氣候帶分化、與大陸曾經相連留下的冰河孑遺物種、距離大陸不遠有利新物種播遷、位於兩個動物地理界（東洋界與古北界）的交界處、位居鳥類遷移重要路徑等，加上數個各具地理特色的離島，使得台灣具有相當傲世的生物多樣性。

台灣有正式記錄的猛禽至 2020 年已多達 35 種，相較之下，以歐洲之大也不過只有 40 種。然而，台灣的猛禽完全為留鳥者僅有 9 種，其餘皆為遷移性鳥類，僅於一年中的某些時期前來台灣，也有不少數年才出現一次的稀有種或迷鳥，因此台灣猛禽雖然累計的種類很多，但任一時候能見到的種類其實不多，春、秋二季是可觀察到較多種類與數量的最好時機。

未來台灣是否還會有新記錄的猛禽出現呢？答案應該是相當正面的，因為在 21 世紀的短短 20 年間（2000~2020 年），台灣已出現 5 種新記錄猛禽（分別是大鵟、栗鳶、白腹鵰、靴隼鵰、西方澤鵟），其他歐亞大陸以及東南亞的猛禽光臨台灣的機會仍然相當濃厚，且讓我們拭目以待！

猛禽的中名

由於猛禽的種類相當多，自古以來其中文名稱除了鷹(Zーム)與隼(Xメゴ)以外，還包括鵰(カ)、鳶(屮)、鷲(Yズ)、鵟(Yノ)、鷂(ㄠ)、鵰(カ)、鶚(丁)等多個字，這些古人所用的鳥名究竟是指現代的何種猛禽，有些並無明確的答案，且不同朝代之間文字的意義屢有更迭，難以考據。

而台灣因族群多元、外來文化豐富，不僅台灣各地先民對猛禽有各式各樣的稱呼，近代更融入漢化日名、英譯中名、中國大陸用名等多樣化的來源。1950 年代陳兼善教授對於這些紛亂的鳥類中名予以初步整理，是現今許多台灣猛禽中名的來源。

早期的猛禽中名固然有其典故與來由，但彼此間的分類關係不易看出，例如鷲與澤鷲並非同類、大冠鷲與禿鷲更非近親。為了讓每種猛禽都能有符合分類的系統化中名，且適用於全世界所有猛禽，中國鳥類學家鄭作新教授巧妙地將上述古字用在不同科屬的猛禽中名上，這項命名工作於 1980 年代初步完成，其後由鄭光美教授繼續修訂。本書於屬名部分採用其系統化命名的觀念，其原則大致如下：

中文	英文	對應的分類	廣義的意義	狹義的意義
鷹	Hawk	*Accipiter* 等數屬	泛指鷹科猛禽、或小型鷹科猛禽	短翼長尾的小型猛禽，尤指 *Accipiter* 屬猛禽
隼	Falcon	*Falco* 屬	泛指隼科猛禽	*Falco* 屬猛禽
鶚	Osprey	*Pandion* 屬		魚鷹
鳶	Kite	*Milvus* 等數屬	泛指體輕善飄的猛禽	*Milvus* 屬猛禽
鷲	Vulture	*Gyps* 等數屬	泛指兀鷲類猛禽	*Gyps* 等數屬猛禽
鵟	Buzzard	*Buteo* 屬	泛指某些中型鷹科猛禽	*Buteo* 屬猛禽
鷂	Harrier	*Circus* 屬		*Circus* 屬猛禽
鵰	Eagle	*Aquila* 等數屬	泛指大型鷹科猛禽	長翼短尾的大型猛禽，尤指 *Aquila* 屬猛禽

由於猛禽的屬別相當多，上述幾個中文單字顯然不夠用，創造新字顯然不是好辦法，鄭氏採用的解決方法很簡單，便是利用上述基本字與其他字組合成複合的基本名詞，因此便有林鵰、鷹鵰、海鵰、蛇鵰、鵟鷹、鵟隼等屬名的出現。

台灣猛禽名錄

　　台灣自陳兼善初步整理鳥類中名後，1980 年代起觀鳥風氣漸盛，原本冷僻的許多鳥類中名流傳漸廣，但其中仍有不少不符分類原則或易造成混淆的不佳中名。1990 年代起中華民國野鳥學會每隔數年召開台灣鳥類名錄審查會議，不僅審核新記錄的鳥種，也逐步將一些不佳中名予以重新命名。2010 年由中央研究院生物多樣性研究中心召集編纂的《台灣鳥類誌》更完全採用分類原則來重新整理台灣鳥類的中名，此即本書猛禽中名的主要依據。

中名	學名	命名者及命名年代	備註
鶚科	Family Pandionidae		
魚鷹	*Pandion haliaetus*	(Linnaeus, 1758)	
鷹科	Family Accipitridae		
黑翅鳶	*Elanus caeruleus*	(Desfontaines, 1789)	
東方蜂鷹	*Pernis ptilorhynchus*	(Temminck, 1821)	
黑冠鵑隼	*Aviceda leuphotes*	(Dumont, 1820)	
禿鷲	*Aegypius monachus*	(Linnaeus, 1766)	
蛇鵰	*Spilornis cheela*	(Latham, 1790)	
熊鷹	*Nisaetus nipalensis*	(Hodgson, 1836)	
林鵰	*Ictinaetus malaiensis*	(Temminck, 1822)	
花鵰	*Clanga clanga*	(Pallas, 1811)	
靴隼鵰	*Hieraaetus pennatus*	(Gmelin, 1788)	
白肩鵰	*Aquila heliaca*	Savigny, 1809	
白腹鵰	*Aquila fasciata*	Vieillot, 1822	
灰面鵟鷹	*Butastur indicus*	(Gmelin, 1788)	
西方澤鵟	*Circus aeruginosus*	(Linnaeus, 1758)	
東方澤鵟	*Circus spilonotus*	Kaup, 1847	
灰鷂	*Circus cyaneus*	(Linnaeus, 1766)	
鵲鷂	*Circus melanoleucos*	(Pennant, 1769)	
鳳頭蒼鷹	*Accipiter trivirgatus*	(Temminck, 1824)	
褐耳鷹	*Accipiter badius*	(Gmelin, 1788)	尚無正式記錄
赤腹鷹	*Accipiter soloensis*	(Horsfield, 1821)	
日本松雀鷹	*Accipiter gularis*	(Temminck & Schlegel, 1844)	
松雀鷹	*Accipiter virgatus*	(Temminck, 1822)	
北雀鷹	*Accipiter nisus*	(Linnaeus, 1758)	

中名	學名	命名者及命名年代	備註
蒼鷹	*Accipiter gentilis*	(Linnaeus, 1758)	
黑鳶	*Milvus migrans*	(Boddaert, 1783)	
栗鳶	*Haliastur indus*	(Boddaert, 1783)	
白尾海鵰	*Haliaeetus albicilla*	(Linnaeus, 1758)	
白腹海鵰	*Haliaeetus leucogaster*	(Gmelin, 1788)	
毛足鵟	*Buteo lagopus*	(Pontoppidan, 1763)	
東方鵟	*Buteo japonicus*	Temminck & Schlegel, 1844	
大鵟	*Buteo hemilasius*	Temminck & Schlegel, 1844	
隼科	Family Falconidae		
黃爪隼	*Falco naumanni*	Fleischer, 1818	尚無正式記錄
紅隼	*Falco tinnunculus*	Linnaeus, 1758	
紅腳隼	*Falco amurensis*	Radde, 1863	
灰背隼	*Falco columbarius*	Linnaeus, 1758	
燕隼	*Falco subbuteo*	Linnaeus, 1758	
遊隼	*Falco peregrinus*	Tunstall, 1771	

＊本表依Clements(2019)的排列順序；命名者及命名年代若加括號代表屬名已被改過

在霧林帶穿梭的林鵰

猛禽的形態與結構 *Raptors*

在學習辨識不同種類的猛禽之前，最基本的功課是先瞭解猛禽全身各部位的形態與結構。對這些身體細節的透徹瞭解，將有助於從各種不同的距離與角度去認識猛禽。

如同所有鳥類一般，猛禽全身可分為頭部、頸部、身軀、雙翼、尾部、足部等 6 大部位。其中，頸部原本為單一部位，用以連結頭部與身軀，但因多數猛禽的頸很短（僅鷲類例外），不易單獨區隔，因此為了辨識上的方便，在本書中視為頭部的一部分。此外，鳥類的一大特色是一旦升空飛行、雙翼與尾部張開後，全身會展成平面狀，因此全身可很清楚的分成兩面：飛行時朝上的部分稱為「背面」（upperparts 或 dorsal side）、朝下的部分稱為「腹面」（underpart 或 ventral side）。區分這兩面並不僅只是為了辨識上的方便，其羽色、斑紋等實質性狀也常有顯著的不同，因此確有清楚區分的必要。以身軀而言，區分為背面與腹面與人體類似，毋庸贅言；然而在雙翼與尾部的雙面區分更為重要，雙翼可區分為「上翼面」與「下翼面」，尾則可區分為「上尾面」與「下尾面」。本書中描述各部位的形態特徵時，請讀者務必明辨所描述的是指哪一面。

本章介紹猛禽全身各部位的基本結構與形態，著重於全世界所有猛禽共同的分類學及形態學特徵，並不涉及不同類群（科、屬或種）之間的比較。有關辨識台灣各類群猛禽間的形態差異，不論是羽色、裸部、輪廓等，將於圖鑑部分詳加介紹。

猛禽的基本形態可自其停棲時的姿態，也就是「立姿」看起，其全身立姿如下圖：

全身立姿圖

頭部
背
肩
胸部
脅
腹部
翼
脛
附蹠
尾部
趾
爪

頭部 (head)

頭部為猛禽停棲時最頂端的部位，飛行時則為最前端的部位。其骨骼構造為堅硬的頭骨及嘴喙。其下為頸部，有多節頸骨。但猛禽的頸部很短，在此併入頭部描述。

猛禽的頭部在鳥類中比例不小，眼球更是相當大，自正側面觀之，炯炯有神的眼位於中央略偏上，眼球略內陷於眼窩內，多數猛禽眼上方的眉突明顯，眉突是由眼窩上緣部分的頭骨突緣所形成，能在飛行、搏鬥或衝撞時保護眼球，也有減少強光刺眼的功能，深眼與眉突使猛禽的雙眼予人深邃而銳利的觀感。猛禽的視力的確非常好，勝過絕大多數的小動物，是牠得以輕易鎖定並獵食小動物的基本武器。

尖銳下勾的嘴喙是猛禽形象上的最大特色之一，嘴喙是由嘴喙骨上長出角質層而形成，如同其腳爪或人的指甲，會隨著年齡而增長，但猛禽會經常磨練，避免它長太長而不利進食。猛禽的嘴喙雖然形象兇猛駭人，但它並非用來殺戮，而是用來撕裂已到手且已死亡的獵物。某些猛禽為了強化嘴喙撕食的功能，上嘴喙下緣演化出凹凸不平似牙齒的結構，稱為「齒突」。猛禽

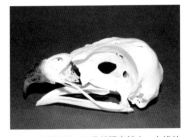

◆灰面鵟鷹頭骨，可見其眼窩甚大，上緣的眉突明顯

可能沒有齒突、具 1 個齒突、或具 2 個齒突，視類群而異。

上嘴喙基部的蠟膜是鳥類中較特殊的構造，僅有猛禽及少數鳥類擁有，其顏色通常很鮮明，但功能不明。猛禽的鼻孔位於蠟膜上，其功能如同人類，用於呼吸與嗅覺，但多數猛禽的嗅覺並不靈敏，僅有美洲鷲目例外。

猛禽的耳孔位於臉頰後部，由羽毛覆蓋，外觀雖不顯，但聽覺亦佳。少數猛禽的頭部較扁平，有類似貓頭鷹的顏盤，例如鷂屬猛禽，這樣的演化加大了雙耳間的距離，有利於聽覺的發揮，其聽覺勝過一般猛禽。

與頭部相關的測量值有二：「全頭長」及「嘴喙長」，全頭長的操作型定義為：由頭骨正後方中央至上嘴喙尖端的直線長度。嘴喙長的操作型定義為：由蠟膜與上嘴喙交界處中央至上嘴喙尖端的直線長度。

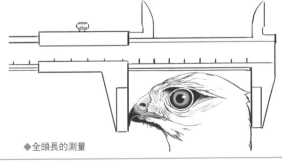

◆全頭長的測量

頭部結構圖

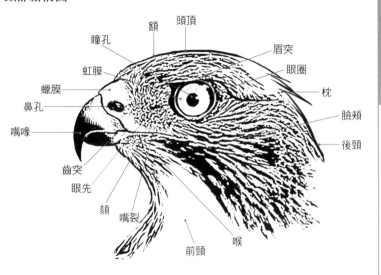

額　頭頂
瞳孔
眉突
虹膜
眼圈
蠟膜
枕
鼻孔
臉頰
嘴喙
後頸
齒突
眼先
頦　嘴裂
喉
前頸

頭部的部位（見頭部結構圖）

頭頂（crown）：頭的正上部

額（forehead）：頭前部，與上嘴喙相接

枕（nape）：頭後部，與後頸相接

後頸（hind neck）：頸部朝後的部分，在枕之下

臉頰（cheek）：頭部兩側的中心區域，耳孔隱藏於其後部

眼（eye）：位於臉頰中央略偏上部，其中心為瞳孔，外圈為虹膜（iris）

眉突（supraorbital ridge）：眼窩上緣的突出

耳孔（ear opening）：位於臉頰後部，由羽毛覆蓋，外觀不顯

眼圈（eye ring）：圍繞眼的一圈裸皮

眼先（lore）：眼與蠟膜之間的裸皮，其上僅有稀疏的剛毛

顏盤（facial disc）：頭部較扁平的鳥類其臉頰四周的輪廓，接近圓形
　　　　　　　　　　或蘋果剖面形

嘴喙（bill）：分為上嘴喙及下嘴喙

齒突（tooth）：上嘴喙突出似齒的部分

蠟膜（cere）：上嘴喙基部的蠟狀組織，鼻孔位於其上

鼻孔（nostril）：位於蠟膜上

嘴裂（gape）：上下嘴喙間的空隙，向兩側後方延伸至臉頰

頦（chin）：下嘴喙的下部，喉的上方

喉（throat）：前頸的上部

前頸（fore neck）：頸部朝前的部分

身軀（body）

平均而言，猛禽具有相當壯碩的身軀，其骨骼構造包括脊椎骨、肋骨、胸骨、龍骨、坐骨等多項，這些骨骼不僅形成身軀的架構，供肌肉附著，並保護許多重要內臟。雖然身軀內的骨骼與臟器複雜，但外觀頗單純，當猛禽停棲時，身軀背部大部分被雙翼所覆蓋，並無值得描述的特色。反之，身軀腹面通常清楚顯露，其上的羽色成為身軀外觀上僅有的特徵。

與身軀相關的測量值為：「體長」，體長的操作型定義為：將鳥背面貼平於量尺，由嘴端至尾端的直線長度。

身軀的部位（見全身立姿圖）

背（back）及背羽（mantle）：後頸之下、腰之上、兩翼之間的部位
肩（scapulars）：背的兩側、雙翼的基部，此部位的羽毛通常較長，稱為「肩羽」
腰（rump）：身軀背面的最後，其後與尾部相接
胸部（breast）：身軀腹面上部，上接前頸，側接雙翼
腹部（belly）：身軀腹面下部，下接雙足，後接尾部
脅（flank）：腹部兩側，停棲時被雙翼所遮掩

翼（wings）

俗稱「翅膀」，左右各一，自身軀胸側向兩側伸出，與獸類的前肢為演化上的同源結構，相當於長了羽毛的前肢，提供鳥類最神奇的功能——飛行。猛禽的翼與其他鳥類並無不同，只是更為強大。其骨骼構造包括肱骨、尺骨與橈骨、腕骨、腕掌骨、指骨等。這些骨骼其上供肌肉與羽毛附著，並能伸縮控制雙翼伸展或合攏。

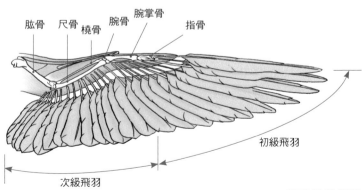

肱骨　尺骨　橈骨　腕骨　腕掌骨　指骨
初級飛羽
次級飛羽

翼的骨骼構造

翼最特殊的結構不在於體內的骨骼與肌肉，而在於體外的羽毛，尤其是飛羽，這是鳥類最重要的演化，也是猛禽卓越飛行能力的來源。翼上的羽毛可分為 2 大類：飛羽（remiges）與覆羽（wing coverts）。飛羽用於飛行，長而堅硬；覆羽用於覆蓋與保護，較短而柔軟。飛羽依附著位置的不同，可區分為初級飛羽與次級飛羽。初級飛羽（primaries）附著於腕掌骨和指骨，共 10 枚，長短不一，可受意志控制張合及後掠程度，科學上的編號係根據換羽順序，由內而外編為 P1~P10。次級飛羽（secondaries）附著於尺骨，各枚長度相近，有 13~25 枚，數目視鳥種而異，翼展愈長者愈多，科學上的編號係由外

初級飛羽缺刻圖

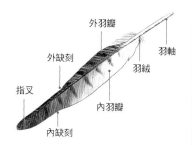

而內編為 S1~S13(~S25)。猛禽屬間斷羽序鳥類（diastataxy），其第 5 號次級飛羽退化。猛禽的初級飛羽最外側數枚常有缺刻，缺刻（emargination 或 notch）是指一枚飛羽在基部與尖端之間突然窄縮。缺刻可發生於飛羽的外瓣，稱為「外缺刻」，或內瓣，稱為「內缺刻」，同一枚飛羽

飛行上翼面圖

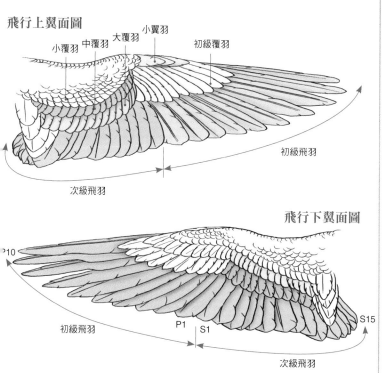

飛行下翼面圖

可能兼具內外缺刻。缺刻是造成某些猛禽飛行時指叉明顯的原因，它有控制氣流使飛行更為平穩的功能。此外，在翼的前緣腕部位置有3枚小而堅硬的羽毛，稱為「小翼羽」（alula），附著於拇指骨上，小翼羽伸展時與指叉有類似的功能，有助於飛行時穩定氣流。

在飛羽的基部，有數道覆瓦狀排列的羽毛疊覆其上，此即覆羽。覆羽的功能在於填補前一列羽毛基部的空際，使翼面成為完整的弧面。覆蓋初級飛羽的覆羽稱為初級覆羽（primary coverts），覆蓋次級飛羽者稱為次級覆羽（secondary coverts），次級覆羽可再分為三層：大覆羽（greater coverts）覆蓋於次級飛羽基部，中覆羽（median coverts）覆蓋於大覆羽基部，而小覆羽（lesser coverts）覆蓋於中覆羽基部。覆羽於上下兩翼面都有，分別稱為翼上覆羽與翼下覆羽，結構類似。

猛禽雙翼的羽毛結構於飛行時清晰可見，但停棲雙翼收攏時，僅餘部分覆羽可見，而飛羽更是大部分被遮掩，因此停棲時並不利觀察猛禽的翼。

與翼相關的測量值為有二：「翼長」及「翼展」，翼長的操作型定義為：雙翼合攏時由腕關節（翼折屈處）至最長初級飛羽尖端的直線長度。翼展的操作型定義為：雙翼自然狀態下伸展至最大，兩翼尖端間的直線距離。需注意：翼長可精確測量，是鳥類分類學的重要依據；但翼展無法精確測量，其值僅供參考，不能做為分類的依據。

尾部（tail）

尾部為猛禽直立時的最下端、飛行時的最後端部位。尾部的外觀為多枚堅強的尾羽（rectrices），然而實際結構並不僅如此，尾部的骨骼構造包括6小塊尾椎骨（caudal vertebrate）及尾綜骨（pygostyle），尾羽著生並托附於尾綜骨之上，這些骨骼及肌肉系統結合運作，賦予尾羽張合、側傾、上下擺動的活動能力，有了這些活動能力，尾羽才能發揮其功能。此外，在上尾面基部有一尾脂腺（uropygial gland）的開口，可分泌油脂，有助於提升羽毛的防潑水及抗磨損性質。

尾羽的重要功能包括：飛行時的方向舵、輔助雙翼的浮升、停棲及走跳時的平衡等。鳥類的尾羽為左右對稱、成對並存。大部分猛禽有12枚尾羽（僅極少數為14枚），左右各6枚。收攏時如摺扇，中央尾羽在最上方、最外側尾羽在最下方。因此當猛禽停棲並收攏尾羽時，自背面觀之不易見到外側尾羽；反之，自腹面觀之不易見到中央尾羽，此點於觀察時需注意。

除了12枚尾羽，在尾羽基部的上面與下面各有多列覆蓋用的小羽，稱為尾上覆羽及尾下覆羽。尾上覆羽（upper-tail coverts）與腰部的覆羽相連，兩者並無顯著的區別；尾下覆羽（under-tail coverts）通常略蓬鬆，可與下腹部的覆羽及脛羽區別。

與尾部相關的測量值為「尾長」，其操作型定義為：將尾羽合攏，由中央尾羽基部至最長尾羽末端的長度。

足部（feet）

足部自腹部向下伸出，骨骼構造為自股骨及其下皆屬之。可比照人類的足部，區分為「腿」及「腳」兩大部分。

腿（legs）是指骨骼構造為單獨一根的部位，由上自下分別由股（femur）、脛（tibia）及跗蹠（tarsus）共3段腿骨構成。所有猛禽的股及脛皆被羽，而跗蹠若裸露無羽，稱為「裸足」；若被羽，稱為「毛足」。毛足通常演化於大型猛禽、較寒冷地區的猛禽、或獵物體型較大的猛禽。

腳（feet）是指骨骼構造為多支的部位，也就是直接接觸地面的部位。可再區分為掌、趾與爪等三部位，具有行走、抓握與殺戮的功能。其中，強健且彎曲如勾的利爪是猛禽於勾嘴之外的另一大形象特色，而且這是猛禽在演化上最重要的構造，賦予牠殺戮的能力，使猛禽成為極少數演化出完整殺戮武器的鳥類（僅有的另2類為貓頭鷹及伯勞）。猛禽每支腳上的4趾為三前一後，依位置分別稱為後趾（第1趾）、內趾（第2趾）、中趾（第3趾）、外趾（第4趾）。及由於趾和爪的構造與獵食有絕對的關係，因此其形態也與獵物的種類息息相關。獵食較大型鳥獸者，其後爪及內爪特別強大；獵食鳥類者，其中趾特別延長；獵食極小型動物（如昆蟲）者，爪皆纖細；食性通化者，4趾爪的大小較為平均；以死屍為食者，其爪鈍而不彎。爪是由爪骨上長出角質層而形成，會隨著年齡而略增長，但猛禽會經常磨練以避免過長。

與足部相關的測量值為「跗蹠長」，其操作型定義為：由跗蹠骨後緣至前緣的直線長度。跗蹠的寬度與繫放研究時所上的腳環尺寸有關，亦有測量記錄的價值。此外，各爪的長度也有參考價值，其測量方法可比照嘴喙。

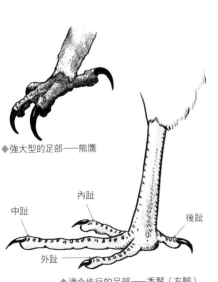

◆強大型的足部——熊鷹

◆食鳥型的足部——松雀鷹

中趾
內趾
外趾
後趾

◆適合步行的足部——禿鷲（左腳）

◆抓魚的爪——魚鷹

曠野性猛禽之例——草原上的東方澤鵟

如何尋找猛禽

何處覓猛禽

　　想知道究竟要去哪裡尋找猛禽？首先要有「棲地」的基本概念。每一種野生動物都有其偏好並賴以生存的特定環境，這就是「棲地」。猛禽亦然，每種猛禽都有其特定棲地，但若以猛禽全體而言，卻跨越了多種棲地，牠們不似其他類群的鳥類通常演化為適應單一型態的棲地，例如雁鴨科一定在水域生活、畫眉科一定在森林生活，猛禽在全世界幾乎各類棲地都存在。以台灣有正式記錄的 35 種猛禽而言，即散布於自最偏遠的原始森林至最繁華的大都市之間的多類棲地。換言之，我們在不同的棲地可見到不同的猛禽，這就是觀察猛禽有趣之處。

　　為了分類上的方便，筆者將台灣猛禽的棲地粗分為下列 7 類：

■**原始林**：從未被人類開墾與干擾的天然林，其樹木高大，樹種繁多。多數位在偏遠的中高海拔山區。

■**次生林**：被人類開墾與干擾過後，再次長成的森林或小面積樹林。本書所指的次生林較為廣義，除了原本狹義所指的天然次生林外，尚包括人造林、果園、茶園、相思林、竹林、公園綠地等。其樹木較矮小，樹種單純化。多數在低海拔山區及丘陵。

■**河湖水域**：包括溪河、湖埤、水庫、池塘、漁塭、氾濫區、近海等。

■**草澤溼地**：水域淺灘及其周遭長有高草的溼泥地，也包括水田。

■**草原荒地**：各種長有短草的乾旱開闊地，也包括旱田。

■**裸岩懸崖**：完全不長植被的天然裸露地，主要由岩礁與懸崖所構成，大多在海岸線與離島。

◆森林性猛禽之例——原始林的林鵰

■城鎮：各種規模的人類聚落。

有些猛禽非常堅守於單獨一類棲地，例如熊鷹只喜歡原始林；有些則可適應多類棲地，例如遊隼既可生活於海邊的岩岸地帶，也可居於城鎮之中。

不論猛禽的天然棲地為何，都應將人類的影響因素考慮在內。幾乎所有猛禽都不喜人類的干擾，因此人類愈稠密、活動愈頻繁的地方，猛禽必然愈少。當我們要到野外尋找猛禽時，當然也以人煙較稀少的地方為較佳的選擇。

若將台灣猛禽的棲地更加簡約來劃分的話，可分為兩大類：森林與曠野。這兩大類型的棲地其自然特性相當不同，因此演化出適應其間的猛禽其生態特性也頗不相同，一般而言這兩類猛禽是涇渭分明的，例如熊鷹與林鵰為森林性猛禽，絕不會出現在平原上；反之，鵟屬為曠野性猛禽，絕不會到森林中覓食。但也有少數例外，例如黑鳶白天在曠野覓食，但夜間卻在森林過夜。本書主要以猛禽最常用的覓食棲地做為劃分的標準。透過這樣兩大類棲地的劃分法，可大幅簡化探討尋找與辨識猛禽方法的複雜性。

如何尋找森林的猛禽

由於台灣雨量豐沛，幾乎所有的山地都生長著蒼鬱的森林，森林是台灣野生動物最重要也最廣闊的棲地。台灣森林的特性是地形崎嶇、視野封閉，其間的野生動物較怕人，善躲藏，不易尋找。且森林性猛禽的主要羽色以褐色系居多，腹面常有斑紋迷彩，這些演化上的形態特色都加深了我們尋找牠的困難。然而，我們仍可善用猛禽的習性來找牠，以下列出一些在山地森林尋找猛禽的原則。

沿著稜線尋鷹是最有效率的方法

■利用制空點

首先，猛禽都喜利用氣流飛翔，一旦升空，其身影在單純的天空背景襯托之下就會明顯許多。因此「空中優先於地面」是觀鷹人找鷹最有效率的守則。為了搜尋空中的猛禽，我們應在森林中尋找對空視野良好的「制空點」，這樣的地點並不難找，任一條穿越山區的公路上一定可找到不少這樣的地點，尤其山區的公路總是沿著山勢而有內凹與外凸的路線變化，其中大的外凸點往往有很好的視野。

■搜尋稜線

其次，猛禽翱翔所賴的熱氣流及風力會沿著山的斜坡上升，形成「偏升氣流」，而偏升氣流會匯集於稜線上方，使得山區的猛禽常集中於稜線上空盤旋。因此，找到一個好的制空點，仔細搜尋附近所有稜線的上空，就是最常用的森林尋鷹法。要注意的是：雖然鷹在稜線上空飛行，並不意味著我們愈接近稜線愈好，因為通常愈接近稜線時，稜線的仰角愈高，視野愈小，雖然鷹可能變近變大了，但也愈容易被山本身所遮擋，且仰頭看鷹非常容易疲勞。筆者建議由制空點朝向稜線的仰角以不超過 30 度為宜，若超過了，表示這個點並不適宜。

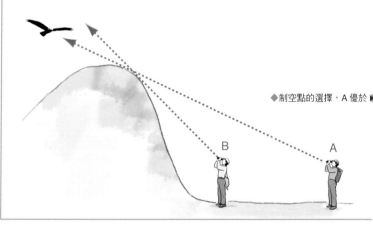
◆制空點的選擇，A 優於 B

此外，攻至山頂尋鷹並不是好主意，因為以天空為背景的鷹遠比以大地為背景的鷹來的明顯易找，由山頂尋鷹會使飛的比你低的鷹隱身於深色的森林背景中，增加搜尋的困難。

■以靜制動

尋找猛禽有兩種方式，一是不斷移動、四處搜尋；二是定點不動、耐心等候。兩者各有優缺點，但以森林猛禽的性質而言，觀鷹人以定點等候方式會較有收穫。尤其當你已在適當的棲地找到很好的制空點時，建議一個好點至少等候半小時，若沒收穫再變換位置。

■停棲猛禽的搜尋

停棲猛禽的搜尋遠比飛行的猛禽困難，因為當牠不動時，在廣大的森林中毫不顯眼。通常在山區最常遇到停棲猛禽的時機是開車於僻靜的山路時，於轉彎處發現前方正好有猛禽停於路旁的樹上，此時宜放慢速度，將車調整至適宜觀察的角度便停車，自車內觀察，切莫下車，否則很容易將猛禽驚飛。若過了一會兒牠已適應車子的出現，可

森林中的猛禽畫停於大枯樹上

威力搜索尋獲的猛禽——熊鷹

再開車緩緩接近，重複剛才的過程，這樣就有機會愈看愈近。

若是自視野良好處欲搜尋森林中停棲的猛禽，唯一的辦法就是用望遠鏡仔細地、慢慢地、橫向左右來回地掃描所見每一棵大樹的橫枝。這樣的方式筆者稱之為「威力搜索」，也就是全面搜索、每木搜索，可說是一種視野上的焦土政策。威力搜索在某些情況一定會用到：例如當你見到一隻飛行的鷹降入林中，但未看清楚落在哪棵樹時，此時就得威力搜索範圍內可能的每一棵樹。此外，威力搜索也可應用於天空，例如搜索可能自高空通過的過境猛禽。

■其他線索

森林中的鷹較常鳴叫，如蛇鵰、松雀鷹、熊鷹都有其獨特鳴聲，觀鷹人可利用鳴聲來搜索其來源。若鳴聲忽近忽遠，表示那是飛行中的鷹；若鳴聲一直來自固定方位，則表示那可能是隻停棲的鷹。此外如大卷尾及小卷尾非常勇於主動驅逐接近的猛禽，因此若發現卷尾突然邊鼓譟邊向上飛，則可循其前進方向尋找，很可能有猛禽接近。

◆曠野中的猛禽常停棲於明顯之處，圖為大鵟（劉川／攝）

如何尋找曠野的猛禽

「曠野」在本書中是通稱森林以外的所有開闊型棲地，包括平原、溼地、水域、城鎮等，曠野的特性是地形平坦、視野開闊，其間的野生動物較不怕人、較不需躲藏，但警戒距離很長，容易尋獲但不易接近。曠野性猛禽的羽色有多種色系變化，不乏相當鮮明醒目者，這些特性使得曠野性猛禽被尋獲並不困難，以下是在曠野尋找猛禽的原則。

■利用道路網，以動制靜

曠野因地形平坦，通常道路錯綜，且因視野遼闊，我們很快便能判斷視野內是否有猛禽，若無猛禽並無需久候，可利用道路網緩緩移動，轉換他處搜尋，因此搜尋曠野的猛禽以「以動制靜」的方式會較有收穫。

■停棲猛禽的搜尋

大部分的猛禽喜停棲於視野好的制高點，在曠野中，這樣的制高點不多，但一旦有就會成為猛禽很常利用的停棲點，可能的例子包括平原中的獨立木或疏林、電線桿或電線、高壓電塔、海岸線的懸崖、農田中的稻梗堆、水域中的杆柱或棚架、都市中的高樓等。

■其他線索

曠野的猛禽一旦出現，就會引起其他鳥類的恐慌，尤其當這隻猛禽飛的很低時，經常會驚嚇起大群的鷸鴴、鷺鷥等鳥群。因此當我們在曠野中發現地面的鳥群突然驚飛、蒼鷺或大卷尾嘎嘎叫時，就需注意是否有猛禽出現了。

◆鵟屬猛禽是少數例外，喜停於地面，不易尋獲（梁皆得／攝）

如何尋找遷移中的猛禽

以上所說的尋找森林及曠野猛禽的方法，是針對長期居留於當地的猛禽而言，包括留鳥、冬候鳥及夏候鳥等。然而另有一類狀況並不適用，但這個狀況卻是台灣猛禽中相當有特色的一類，即遷移中的猛禽。「遷移」（migration）是指某些出生於北方的鳥類因當地冬季氣溫過低或食物不足，無法生存，不得不每年規律性地飛往溫暖的南方度冬的現象。遷移發生於春秋兩季，秋季時候鳥自北往南遷移，而隔年春季則自南往北返鄉。台灣恰位於東亞一條重要的鳥類遷移路徑上，因此每年春秋兩季都會有許多鳥類遷移通過，其中也包括多種猛禽。

對猛禽本身而言，自北方出發直到抵達度冬目的地為止（反向亦然）的這段過程稱為「遷移」，這段期間稱為「遷移期」，所走的路徑則稱為「遷移路徑」。而遷移期間，

相對於遷移路徑上的某地而言，這些猛禽則是「過境」該地的「過境猛禽」。遷移性猛禽每年的遷移期及使用的遷移路徑大致是穩定的，但在遷移過程中通過各地的「過境期」是隨地而異的。這些名詞與時空相對關係在本書中常提及，在此簡要說明。

整體而言，遷移性猛禽過境台灣的主要過境期於秋季為9~10月這兩個月，春季則為3~5月這三個月。在這段期間，這些遷移性猛禽會年復一年使用大致相同的路徑通過台灣。在秋季主要沿著較大的山脈南下，在春季則主要沿著西海岸近海的丘陵北上。經多年來各地先民及近代觀鳥者、調查人員所累積的觀察經驗，已得知許多非常穩定的過境地點，也成為固定的猛禽遷移調查點，舉其大者包括秋季的屏東墾丁及滿洲、台東樂山；春季的高雄

遷移中的猛禽常成群遷移，圖為赤腹鷹群

33

◆台灣猛禽遷移路徑圖（秋季）

◆台灣猛禽遷移路徑圖（春季）

鳳山水庫、彰化八卦山、苗栗通宵、新北觀音山等，這些地點每季都有成千上萬的猛禽過境，蔚為奇觀。其實除了這些已知調查點，任何位於遷移路徑上的地點都有可能見到猛禽通過，因此台灣還有許多潛在未知的過境地點待發掘。

與上節區分森林及曠野猛禽的原理相當不同的是，遷移性猛禽於遷移時所選擇的路徑與地面的棲地型態並無關，而是取決於空中飛行時方位是否正確、氣流是否適合、地標是否明顯、盡量避開危險（如大海）等因素，例如曠野性的魚鷹與鶚於遷移時可能會通過高山森林上空，而森林性的赤腹鷹可能通過平原上空，但牠們都僅是短暫穿越，並不代表牠們「利用」了該棲地。換言之，尋找遷移性猛禽時不需區分森林性及曠野性猛禽，只要在可能的遷移路徑上，任何遷移性猛禽都有可能出現。

除了已知的遷移調查點外，若想嘗試於未知的地點尋找過境猛禽，首要條件是必須掌握正確的過境期，上文已提及春秋兩季整體的過境期，但關於各種猛禽於各地精確的過境期建議向專業團體查詢，例如各地野鳥學會或台灣猛禽研究會。其次需從地圖研判著手，可從已知兩處有過境現象的地點之間嘗試新地點，找的原則類似尋找森林性猛禽，以接近南北走向的稜線旁、視野良好的制空點為佳。與一般居留性猛禽很不同的是，遷移中的猛禽有可能飛的非常高，甚至超出肉眼可見範圍，此時尋找唯一的方法便是勤快地用望遠鏡反覆威力搜索看似空蕩的天空。

關於遷移猛禽的深入觀察，屬於相當進階的調查技術，本書限於篇幅，不予細述。

何時覓猛禽

即使已經瞭解在什麼棲地可能找到什麼種類的猛禽，但若對時機的掌握未能深入瞭解的話，仍會事倍功半，因為猛禽有其偏好的活動時機，並非終年或終日可見。

以年週期而言，首先必須對每種猛禽的居留狀況（status）有所瞭解。「留鳥」是指終年生活於台灣者，可能定居於一穩定的範圍內。

「冬候鳥」是指秋冬季來台度冬者，可能定居於穩定的範圍內，也可能四處漂泊。「夏候鳥」是指夏季來台者，通常會在穩定的範圍內繁殖。「過境鳥」是指僅於其遷移期間過境台灣者，於春季或秋季短期出現。「迷鳥」則是歷年記錄極少，推測為迷途來台或其出現規則尚難看出者。有了這些概念，便大致可知在什麼樣的季節可能見到什麼種類的猛禽。

以月曆的歲時來看，更可看出猛禽的活動頻度並非每月都一樣。1月份是一年中最冷的月份，多數留鳥猛禽在冷天並不活躍，但在低溫過後放晴回暖時相當好飛，是觀察猛禽很好的時機。2~5月是氣溫逐漸回升的春季，所有留鳥猛禽都先後展開求偶與繁殖，而春過境猛禽也不時出現湊熱鬧，此時天空熱鬧異常，各種猛禽盡情展現其飛行技巧，活躍終日，是一整年中觀察猛禽最好的時機。6~8月是炎熱的盛夏，留鳥猛禽大多已完成繁殖任務，疲憊的親鳥利用此時換羽、休養生息，而剛離巢的幼鳥飛行能力尚不佳，也隱於林間休息，因此這段期間非常不容易見到猛禽升空飛行，可謂是「舉目無鷹」期，這段期間建議觀鷹人也毋需去觀察猛禽，一來收穫不佳、二來不宜去打擾這些休養中的猛禽。9~10月秋風漸起，秋高氣爽之下留鳥猛禽又恢復了旺盛的生機，且有親子共舞的景象，加上秋過境猛禽大舉通過台灣，是一年中第二好的觀察時機。11~12月天氣漸冷，留鳥猛禽不再活躍，但曠野出現許多夏季所無的冬候鳥猛禽，觀鷹人宜把握機會觀察，有時寒冬會出現意想不到的稀有種。

除了酷熱的夏季以外，不論何種猛禽，晴天總是比陰雨天活躍許多，因此晴天是觀察猛禽最佳的天氣。但曠野的猛禽遠比森林的猛禽不在乎惡劣的天氣，因此若在陰冷的天氣擬出門觀察猛禽，選擇曠野會比選擇森林來的合理。在大雨過後初放晴之時，許多猛禽會在枝頭攤開雙翼晾曬羽毛，是觀察停棲猛禽的特殊時機。

在一天之中，多數的猛禽於上午稍晚時最活躍，大約以10~12時之間最佳，尤以森林性猛禽最明顯，曠野性的猛禽則終日皆可活動。黑翅鳶與鵟屬是很特殊的例子，牠們具有很強的晨昏行性，於晨昏特別活躍。黃昏日暮時多數猛禽早已不再飛行，但紅隼及松雀鷹卻會把握最後的天光捕食剛飛出的蝙蝠。夜間所有的猛禽皆隱身休眠，南台灣卻有遊隼利用大橋所發出的強光獵食夜間活動的鳥類，這是黃光瀛博士的驚人發現，是全世界罕見的日猛禽於夜間獵食的案例。

遷移中的猛禽在一天中出現的時機並不適用於上段所述的各項常規，牠們急於趕路但受天氣因素（如風向是否適宜）所牽制，且過境各地的時間會隨著自何處出發而變化。簡言之，過境猛禽通過一地的時間自清晨至黃昏都有可能，精確的模式需經由長期調查才能瞭解。

1	2	3	4	5	6	7	8	9	10	11	12
	├── 最佳月份 ──┤							├─ 次佳月份 ─┤			

觀察猛禽的裝備

工欲善其事,必先利其器,觀察猛禽亦然。觀察猛禽所需的裝備並不多,簡述如下:

■眼鏡

觀鷹的所有裝備中,最基本卻最常被忽略的是觀鷹人自己的雙眼及眼鏡。因觀鷹需要比平常更好的視力,戴眼鏡的人若因許久未校正度數已有偏差的話,建議重配一付精準舒適的眼鏡,讓銳利的眼神引領我們出發吧!

除了眼鏡的調校,一付太陽眼鏡對於尋鷹非常有幫助,它可在強光下保護眼睛、消除眩光、大幅增強影像的反差,突顯天空的小黑點,可說是有經驗觀鷹人的祕密武器。

雙筒望遠鏡

單筒望遠鏡

■望遠鏡

觀鷹所需的裝備並不多,但其中最重要的一項無疑是望遠鏡。縱使有些人視力極佳,但猛禽總是又高又遠,再好的視力也不可能看清楚。一付好的望遠鏡可大為拓展我們的視力極限,在光線及空氣品質良好的條件下,透過望遠鏡的輔助,可見到數公里外的一隻鷹,這已遠超過人眼視力所及,所以望遠鏡是必備的。

望遠鏡可分為兩大類:雙筒望遠鏡與單筒望遠鏡。雙筒望遠鏡體積小,操作簡單,攜帶方便,適合手持,可應用在各種活動的遠距離觀賞,例如賞景、賞鳥、觀看戲劇、球賽等,而觀察猛禽可謂是其效能極限的考驗,不僅對於近距離的猛禽必須看的非常清楚,對於極遠處的猛禽依舊要求有足夠的解像力與色彩飽和度,才能真正發揮協助辨識的功能,因此建議觀鷹人應選購高品質的望遠鏡。雙筒望遠鏡的使用非常簡單,初次使用者只要經過簡單練習很快便可熟練,然而,觀鷹要求「眼明手快」以把握鷹出現的短暫時間,因此應勤加練習迅速瞄準的能力。

至於單筒望遠鏡,其實就是一個巨大的直筒式雙筒望遠鏡的單一鏡筒,其最大的優點便是倍數高,可達 25~40 倍,可清楚觀看遠距離停棲猛禽的細節。但因口徑大,體積與重量也大,需有穩固的三腳架支撐,導致機動性較差。對於觀鷹而言,因遇到停棲猛禽的機會遠少於飛行的猛禽,因此單筒望遠鏡並非必要,但若有汽車代步,則單筒望遠鏡可載於車上做為很好的輔助觀察工具。

■人身部品

筆者模仿機車運動用語，將穿戴在身上的服裝、帽子、鞋子等稱為「人身部品」。一般戶外活動的人身部品也都適用於觀鷹，惟需注意避免過於鮮豔、明亮、反光的顏色，以免老遠就將猛禽嚇跑了。一般而言，以貼近自然的迷彩色系、綠色系、褐色系等為最佳選擇。

由於觀鷹常需在大太陽下進行，防曬以保護皮膚是很重要的。建議穿著長袖衫，具透氣、排汗、抗紫外線等功能的高科技人造布料是頗有幫助的選擇。若夏季不喜穿著長袖，則穿著短袖再加上一雙工作袖套也是不錯選擇。有邊緣的帽子對於防曬、抗眩光、擋小雨有莫大的幫助，但帽緣不宜過大，以免遮擋尋鷹的視野。

由於在野外宜空出雙手，因此隨身物品最好是以後背式背包攜帶。此外，為了方便隨時取用小東西，例如筆記本等，口袋很多的釣魚背心是非常適用的衣著。

就鞋子而言，若所到之處皆為硬地（柏油路、水泥地），則任何舒適的戶外鞋都適合。但若需走進森林、草叢、泥沼等野地，則推薦以雨鞋做為越野鞋，因雨鞋具有價廉、密封防水、高筒護腳、齒深防滑、容易清潔等諸多好處。

除了已穿戴在身上的部品，可另帶防曬乳液、防蟲藥膏等，為保護己身做更萬全的準備。

■其他工具

觀鷹時可能會用到一些有用的小工具，舉例如下：筆與筆記本可用來做記錄、圖鑑可用來查對鷹種、指北針可用來定位、計數器可幫助數鷹，而手機搭配適當的 App 後功能更廣，可報時、攝影、錄音、定位、查看地圖、記錄航跡，當然也可隨時與附近或遠方的伙伴保持聯繫。觀鷹人可視情況與需求做準備。

雙筒望遠鏡的選擇要點

雙筒望遠鏡依鏡片組合與封裝的形式,可分為兩大類:波羅稜式(porro prism)及頂稜式(roof prism)。波羅稜式也稱為「傳統式」,其光徑有一轉折,物鏡與目鏡不在一直線上,鏡筒體積較大;頂稜式也稱為「直筒式」,其物鏡與目鏡在一直線上,鏡筒為直筒,體積較小。

這兩種組裝形式與光學效果無關。然而直筒式的封裝效果好,可達到完全密合,某些廠牌甚至充加氮氣,可達防塵、防水、防潮、防霉等效果,因而可歷久不衰,耐用數十年,但價格較高;而傳統式的封裝無法密合,易沾惹塵埃、濕氣,影響使用年限,但價格較低。

在最重要的光學效果上,望遠鏡的基本規格是以「倍數 x 口徑」來表示。倍數並非愈高愈好,因為倍數愈高時,進入瞳孔的光線會愈少,物體會變得既暗又模糊,且手部的震動也會被放大,造成影像晃動。經過這些考量,以往雙筒望遠鏡的倍數設計都在 7~12 倍之間。近年因科技進步,具特殊防手震技術的雙筒望遠鏡可達到20 倍。

另一個規格是口徑。口徑愈大,進入瞳孔的光線愈多,物體就會愈明亮而清晰,但同時也使鏡筒愈粗,望遠鏡愈笨重。口徑需與倍數互相配合,一個簡單的公式是(口徑 ÷ 倍數 = 瞳徑),瞳徑就是進入瞳孔的光柱的直徑。人的瞳孔會隨著光線明暗而在 2~7mm 之間變化,平均為 4mm,因此望遠鏡的瞳徑以 4mm 最適合。例如 10x40、8x32 的規格都是合宜的設計。此外有些雙筒望遠鏡為可變倍數的設計,例如8x~15x,但其光學品質通常不佳,不適合觀鷹。

選擇望遠鏡並非只是比較倍數、口徑等簡單的數字規格,真正的光學品質取決於鏡片的透明度、幾何曲線研磨的精度、鍍膜的透光率等精密科技,這些都不是由外觀或數據能看得出來的。優質的鏡片其解像力高,可清楚辨認遠處猛禽的輪廓或斑紋;色彩飽和度佳,能看出正確的顏色。要達到這些嚴苛的要求,仍以歷史悠久的知名品牌為首選,例如德國的蔡司(Zeiss)、萊卡(Leica)、奧地利的斯華洛世奇(Swarovski)等,皆為享譽全球的品牌,其他如日本、美國、台灣品牌的望遠鏡亦有相當不錯的品質表現,且價位較為平實。

綜言之,觀鷹所需的雙筒望遠鏡建議如下:

• 解像力極佳,色彩飽和度極佳。
• 倍數建議為 10 倍。
• 組裝形式建議採直筒式,具防水功能。
• 鏡筒材料建議為金屬或特殊塑鋼,而非一般塑膠。

辨識猛禽的先修課 *Raptors*

觀察猛禽的途徑

相對於其他許多鳥類而言，猛禽算是體型頗大的一類鳥，既然如此，為何牠的辨識一直被認為相當困難？原因來自於猛禽的幾個特性：首先，猛禽的視力敏銳而個性警覺，對人類相當慎戒，因此不易讓人接近，當然就不易讓人看清楚。第二是猛禽在生態系屬掠食者，以各種小動物為食，為了在獵食時保持隱蔽以達突襲克敵的效果，多數猛禽的羽色演化為黯淡的色調，及近似大地、岩壁、森林的迷彩斑紋，因此不若其他鳥類有鮮豔的羽色可做為辨識的特徵。第三是因猛禽的飛行技巧高超，可飛得既高又快，而人們見到猛禽的機會中，逾九成是牠們在空中時，因此辨認空中的小黑點就成了辨識猛禽最常遇到的情形，而這需要相當的經驗才能辦到。

即使辨識猛禽相當困難，但只要掌握其原則循序漸進，仍能逐漸達到相當熟練的境界。同時需強調：猛禽的辨識方法與人鳥間的距離層次有密切的關係。對於想要好好認識猛禽並學好猛禽辨識的初學者而言，別忘了猛禽並非一定要從野外高空中的小黑點來認起，其實還有一些您未想到，但卻是認識猛禽很好的途徑。以下依距離由遠而近來親近猛禽。

■遠距離飛行中的猛禽

對於一個有經驗的觀鷹人而言，

◆遠距離飛行中的遊隼

到達了視野良好的觀察點，且天候與時機都適當時，就會自遠方的天空開始搜尋猛禽蹤跡，此時很容易找到遠距離飛行中的猛禽，其距離可能在 1 公里以上，甚至遠達望遠鏡的極限 7 公里。在野外，透過望遠鏡觀看這樣在數公里外飛行的猛禽是很正常的事，這樣的猛禽通常只是一個或大或小的黑點，其身上的羽色完全不可見，但輪廓與飛行方式勉強可見。在這樣的距離層次中，善用對輪廓與飛行方式的正確掌握，仍能正確辨識猛禽種類。然而無法成功辨識的機率亦高，觀鷹人應該要有正確的觀念，即無法辨識是正常的。對於看不清楚特徵的小黑點，可列出幾種可能的種類加以存疑，但線索不足卻妄加判定為某種是非常錯誤的做法。

■近距離飛行中的猛禽

運氣好的時候，猛禽可能不期而遇地飛過觀鷹人近距離的天空；或者在某些良好的遷移調查點，遷移中的猛禽會固定通過該地上空。此時就有機會將飛行中的猛禽看的更

清楚，原本遠距離不顯的羽色特徵也逐漸放大而顯著。其距離可能自1公里逐漸減少至數百公尺、甚至數十公尺以內，在這樣的距離層次中，除了對其輪廓與飛行方式可相當充分地掌握，更應加上對羽色特徵的初步掌握，此時正確辨識猛禽的機率大為提高。

◆近距離飛行中的東方鵟

■野外停棲的猛禽

在野外遇到停棲猛禽與遇到飛行猛禽的機率比例大約是1比9。遇到停棲猛禽的機率雖低，但在人跡較稀少的適當環境下仍頗有可能。由於猛禽的視力佳且畏懼人類，通常都不喜歡人類過度接近，因此當我們於遠距離發現停棲的猛禽時，務必先做「第一時間」的觀察，接著宜放慢速度、身體略降低、或利用樹木、汽車來掩蔽，慢慢接近以縮短觀察距離。平均而言，能接近到50公尺已經很好了，此時可利用單筒望遠鏡仔細觀察，毋需再繼續逼近，以免驚飛。在這樣的距離層次中，可對停棲形態有很好的掌握，主要的羽色特徵應可一覽無遺。

■圈養的猛禽

對於想要認識猛禽，並希望有機會近距離仔細觀察猛禽的人而言，

在野外這樣的機會實在太少了，然而別忘了人工圈養的猛禽正可提供這樣的觀察機會，如動物園、鳥園或合法馴養的私人可提供這樣的機會與場所。在動物園或鳥園中，我們常可在5公尺以內觀察猛禽，且這些猛禽已經適應圈養環境，非常馴服。在這樣的距離層次中，不僅可仔細觀察其形態及羽色特徵，甚至對於裸部，如眼及腳的顏色等都可細加觀察。

◆圈養的蒼鷹

■手上的猛禽

如果想要觀察猛禽的形態細部特徵，甚至於達到定量測量的目的，那就非得把猛禽抓在手上不可了。由於猛禽為法定的保育類動物，這樣的處理需獲得政府授權，通常僅有獸醫師、鳥園工作人員、繫放研究人員等少數專業人士才能進行。他們可對掌握於手上的猛禽檢視其健康情形，測量各部位的形值，檢視細部分類特徵，檢視羽毛磨損狀況，進而判斷其性別與年齡等。

然而，即使是獲有授權的專業人員，仍會謹記在心：掌握於手上的猛禽並非可讓人隨意把玩的寵物。

◆繫放研究時，持於手上的的松雀鷹

其限制來自於雙方面的顧慮：猛禽的安全與人的安全。所謂猛禽的安全，是指猛禽野性甚強，不願受拘束，強行制服將會引起強力反抗，輕則損及羽毛、重者傷及筋骨，甚至於因緊迫而造成休克死亡；反之，猛禽的利爪可輕易穿透人的皮膚，傷及筋肉，對人而言仍相當危險。總而言之，要觀察手上的猛禽不僅有法令問題，且具相當的難度，若非受過訓練，不可嘗試。但這仍是一種對猛禽的特殊觀察角度，且這個層次的觀察是唯一可獲得某些科學數據的方法。

■標本

能將猛禽掌握在手上細細觀察，卻又不必擔心猛禽與人彼此間造成傷害，這樣的機會是存在的，那就是檢視標本。雖然檢視標本也有一定的限制，但在某些博物館或研究單位是有條件允許的，且條件不若檢視活的猛禽那麼嚴苛，不失為深入認識猛禽的一個良好途徑。然

而，雖然檢視標本是辨識猛禽的距離層次中最近的一種方法，但並非就是學習辨識的最佳方法，因為標本是死的，原本許多活生生的行為線索都已消失殆盡。此外，以科學研究為目的的標本大多為棍棒式標本，這種形式利於長期保存，是博物館典藏標本的大宗。但這種標本無法將翅膀展開觀察，對於猛禽的飛行辨識幫助很小。

本書的目的在於指引辨識野外的猛禽，因此將僅論及前3種層次。然而後3種層次雖然不予討論，讀者仍可將它視為學習辨識猛禽、甚至深入認識猛禽的可行途徑。

◆標本的檢視，圖為遊隼

大小的定義

要利用體型大小來辨識猛禽之前,應將「體型大小」定義清楚,否則當兩隻體型接近的猛禽一起出現時,觀察者有人用體長論斷大小、有人用翼展論斷大小、有人用翼面積論斷大小,還有人堅持要測量體重才能決定誰大誰小,結果可能造成各說各話、雞同鴨講。其實只要有一致且可度量的標準,上述每一項都可採用。然而上述幾種可以決定大小的數值中,體重在野外無法目視估量;翼面積僅能用於比較而難以估量;體長雖然可估量,但兩隻體長相近的猛禽並不容易清楚分辨,且體長對於飛行猛禽的辨識幫助很小。因此本書採用「翼展」來做為定義猛禽體型大小的標準,它的好處是可將體長相近的猛禽的差異放大,且對於飛行猛禽的辨識最有幫助。

翼展是指猛禽飛行時,兩翼尖端之間的直線距離。由於猛禽有多種飛行方式,每種方式雙翼展開的程度不同,為求一致,應以盤旋時的翼展為準,因為盤旋時猛禽會將雙翼儘量展開,以充分利用熱氣流的升力。然而,翼展的定義雖然如此簡單,弔詭的是,它是無法用手抓著猛禽測量的,因為這樣的測量並非在自然狀態下,會因測量者雙手拉扯的力量而造成不小的誤差。要測量翼展,只能利用一把想像中的長尺,讓它飄飛至空中的猛禽身旁測量;或者需特地發明遙測儀器來測量。提出這個觀念,只是要提醒讀者:書上所列的翼展數據只是估計值,並非真正精確的測量值。

台灣猛禽的大小分級

台灣猛禽的翼展大小由日本松雀鷹雄鳥的 46 公分至禿鷲的 295 公分,其間差距亦相當大,本書為了飛行辨識方便上的考量,將之分為 4 級如下:

■ **小型:**翼展小於 80 公分者。
■ **中型:**翼展介於 80~120 公分者。
■ **大型:**翼展介於 120~180 公分者。
■ **巨型:**翼展大於 180 公分者。

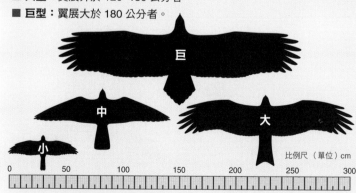

*請注意,每本猛禽專書對大小的定義不盡相同,本書所稱的「大型猛禽」與其他作者所稱的「大型猛禽」可能是指不同的大小,此點讀者務須瞭解,以免做不當的比較。

羽色的概念

「羽色」（plumage）是指一隻特定猛禽於一段特定時期內全身羽毛的色彩與斑紋的集合。在此要特別強調：羽色並非一成不變的，即使是同一種猛禽、甚至於同一隻猛禽，其羽色都會因性別、年齡、色型歧異、磨損及換羽等多種因素造成變異，詳述如下。

■性別間的羽色歧異

猛禽的雌雄之間，除了體型大小有差異之外，羽色也常會有差異，這種性別的羽色歧異程度視種類而異。筆者將它大致分為三種程度：

1. 雌雄同型：是指雌雄鳥的羽色完全相同，或者其歧異度甚小，人眼難以分辨。例如黑鳶、蛇鵰、禿鷲等。
2. 雌雄近似：是指雌雄鳥的羽色大致相似，僅小部分不同，但此小程度的歧異已足以讓人眼分辨。例如日本松雀鷹、東方蜂鷹等。
3. 雌雄異型：是指雌雄鳥的羽色很明顯不同。例如鷂屬猛禽。

■年齡間的羽色歧異

所有猛禽其幼鳥時期的羽色都或多或少與成鳥有所不同，這便是年齡間的羽色歧異。通常一隻猛禽在生理上完全成熟之後，其羽色就會維持相當穩定的狀態，不再有劇烈變化，這樣的羽色稱為「成鳥羽色」（adult plumage），是我們辨識猛禽最基本的辨識對象。而在獲得成鳥羽色之前，一隻未成年的猛禽有其成長期間的羽色，需歷經一年至數年才能完全褪去。由出生至成熟，猛禽的羽色變化是這樣的：

1. 剛出生的雛鳥，全身覆滿絨羽，絨羽僅為短暫期間為弱小身軀保溫之用，並非真正的羽毛。直至數週大後，雛鳥的絨羽開始脫落，全身依序長出真正的羽毛，稱為「正羽」。這是猛禽一生中首度獲得的完整羽毛，其羽色稱為「幼鳥羽色」（juvenile plumage）。換言之，幼鳥羽色就是初齡猛禽的羽色。在台灣而言，新生的猛禽幼鳥大多在晚春至夏季（約 4~8 月）間離巢，因此夏天起我們就可在野外見到具幼鳥羽色的猛禽，並且我們可很篤定地判斷牠們是今年新生的初齡幼鳥。幼鳥羽色可持續至第 2 曆年春季。

◆雌雄異型（鵲鷂）
♂　　　　　♀

2. 幼鳥羽色會一直持續到牠一生中的第一次換羽,對於小型猛禽而言,僅歷經一次換羽就獲得成鳥羽色了,也就是牠們一生中只有幼鳥與成鳥這兩種羽色存在;但對於中大型猛禽而言,可能要歷經 2 次以上的換羽,至第 3 齡以後才獲得成鳥羽色,換言之,牠們在幼鳥羽色與成鳥羽色之間,還有中間羽色存在。以花鵰而言,牠至第 5 齡才獲得成鳥羽色,換言之,牠在幼鳥羽色之後,還有第 2 齡羽色、第 3 齡羽色、第 4 齡羽色等階段的羽色存在,這些羽色連同幼鳥羽色合稱為「未成鳥羽色」(immature plumage)。由於每一種猛禽每一年齡階段的羽色變化都有一定的規律,經由詳盡深入的觀察與研究,鳥類學家能精確指出一隻具未成鳥羽色的大型猛禽究竟是第幾齡,因此羽色對於判斷年齡有絕對的重要性。

3. 對於多年才獲得成鳥羽色的大型猛禽而言,最後一齡的未成鳥羽色(也就是獲得成鳥羽色的前一次羽色)稱為「亞成鳥羽色」(subadult plumage)。這個詞彙用來強調這隻未成鳥已經非常接近成鳥,通常已具有生殖能力。

4. 對於成鳥而言,已經獲得穩定的成鳥羽色,不至於再有劇烈變化。但少數種類的猛禽其成鳥羽色仍會隨著年齡的老熟而有細微的變化,例如松雀鷹的成鳥胸部兩側會成為整片的紅褐色,這種羽色稱為「老成鳥羽色」,用來描述較老的成鳥的羽色。除了羽色,某些裸部顏色的變化,例如眼睛,也是判斷老成鳥的重要依據。

■ 色型間的羽色歧異

有些種類的猛禽,即使在同樣的性別、或同樣的年齡之間,仍有明顯的羽色歧異,且通常可歸納出幾類主要的羽色模式,稱為「色型」。例如灰面鵟鷹的成鳥有一種稀少的黑色型,迥異於一般褐色的成鳥。又如東方蜂鷹是最有名的多色型猛禽,居於同一地區的東方蜂鷹就可有深色型、淡色型、中間型等多種色型。色型歧異的現象並不只發生在成鳥,幼鳥也會發生。蛇鵰是相當特殊的例子,牠的幼鳥有深色與淡色 2 種色型,然而一旦長成,卻全部成為深色的成鳥羽色,其間究竟有何道理,值得科學家進一步研究。

■ 亞種或區域族群間的羽色歧異

上述幾類羽色歧異,都發生於同一區域的同種猛禽間。然而,當我們在台灣見到同一種遷移性猛禽的不同個體間有明顯的羽色歧異時,不要忽略了還有一種可能性:牠們來自不同區域。也就是說,牠們分屬於不同的區域族群、或不同的亞種。例如台灣所見的遊隼,有 2 個不同的亞種,其羽色就有若干細微歧異;同樣的情形,台灣所見的毛足鵟亦有 2 個不同的亞種,其羽色差異更明顯。又如台灣所見的東方澤鵟的雄成鳥有 2 種色型,據判斷其一來自亞洲大陸,另一則來自日本,分屬不同的區域族群。

磨損、換羽與鑑齡

　　鳥類的羽毛是大自然最奧妙的產物之一，它既柔軟又堅強，在博物館完善的保存條件下，羽毛標本可保存一百年以上，依然完好如初。然而野鳥身上的羽毛，自長出之後就不斷受到風吹雨打日曬、各種摩擦碰撞、羽蝨及寄生蟲……等侵害，會逐漸磨損甚至斷裂，當損壞已至影響功能，到了一定的時機便會脫落，然後長出新的羽毛，這就是「換羽」（moult）。鳥類全身的羽毛在一生中都不斷重複「換羽—逐漸磨損—換羽—逐漸磨損……」這個循環。

■換羽的規律性

　　換羽對鳥類而言，雖然有如再生般的好處，但換羽需消耗營養與能量，且換羽需一段時間，愈大型的鳥類所需的時間愈長，這段期間飛行能力會變差，就會增加生存的風險。因此換羽有其時機，既非經常行之，也非隨意發生。換羽有其規律性，基本上所有鳥類都是一年換羽一次，在固定的季節發生，全身大部分羽毛都是如此。但換羽的過程並非一蹴而就，而是全身羽毛輪流換，一部分完成後再進行下一部分。其中，飛羽因最明顯，是我們最容易觀察到的換羽對象。雖然換羽有規律性，但仍包含許多不規律的狀況，例如某一枚羽毛意外受損而脫落，它可能會先換羽，因而跳脫原先的規律性；反之，已脫落很久的羽毛，也有可能過了換羽季節仍未長出新羽，這常發生在大型猛禽的老成鳥。此外，同一種猛禽的換羽季節裡，有些個體非常早開始換羽，有些則非常晚；有些進展很快，有些卻非常慢，這些「規律中的不規律」其實都是大自然的正常現象。

■羽毛不完整是正常的

　　雖然圖鑑上所畫的猛禽都是羽毛完整、羽色鮮明的樣貌，但事實上野外所見的猛禽常常不是如此，羽毛部分破損或整枚缺如的情形反而很常見，這就是因磨損與換羽的關係，且猛禽因體型大，換羽過程費時，因此被見到羽毛缺損或正在換羽的機率更高於其他鳥類。一般而言，小型猛禽通常羽毛很完整，愈大型的猛禽羽毛不完整的機率愈

◆正在換羽的東方蜂鷹，可見到磨損的舊羽、缺口、正在長的新羽

◆夏季換羽期間的鳳頭蒼鷹很少飛行，不易見到翱翔的身影

高，這是因為大型猛禽較能忍受破損的羽毛，也較傾向於延長破羽的使用時間。有少數猛禽的羽毛特別容易受到羽蝨的侵害，羽毛常出現許多破損，例如東方蜂鷹，其原因仍不明。總之，觀鷹人應把見到羽毛不完整的猛禽當作常態，辨識時將其影響納入考量，例如以指叉數鑑定猛禽時須注意這部分的飛羽是否完整，才不會受到誤導而造成辨識錯誤。

■磨損對羽毛色澤的影響

新羽的色澤總是鮮明濃郁，但會隨著磨損而逐漸黯淡褪色，例如烏亮的黑色會漸漸轉為褐色，這變化雖很輕微，但若拍照下來就可察覺。當我們拍下大型猛禽的飛行照時，若見到飛羽顏色有深淺不齊的現象時，便可知牠已完成一部分的換羽，深色的羽毛為新羽、而淡色者為舊羽。

此外，淡色羽毛比深色羽毛容易磨損。因此，飛羽或尾羽最末端的白色部分很容易因磨損而消失。以紅隼為例：其尾羽最末端有一道細白帶，但有些個體明顯、有些個體不明顯、有些個體則完全沒有。這是因為完整的新羽有明顯的細白帶，但隨著時間逐漸磨損，最後便消失了。所以，不宜以這部分的羽色做為辨識的依據。

■換羽的順序

鳥類換羽的順序是有規律性的，但各類群不盡相同。鷹形目的初級飛羽由 P1 開始，依序向外換；次級飛羽由 S1、S5、S12 同時開始，S1 及 S5 向內換、S12 則向外換。隼形目的初級飛羽由 P4 開始，同時向內與向外換；次級飛羽由 S5 開始換，也是同時向內與向外換（參見 P.2 圖）。所有猛禽的尾羽都是由 1 對中央尾羽（T1）開始換，但之後的順序很多變。

換羽基本上是左右對稱、同時進行的，在初級飛羽尤其明顯，但次級飛羽及尾羽就不見得很對稱。當我們在野外見到飛行猛禽的雙翼有對稱的缺損時，代表牠正在進行一年一度的規律性換羽。然而，若僅有一邊的缺損則可能是上文提到的意外因素導致，或是老成鳥的換羽較不規律。

■換羽期及其影響

台灣的留棲性猛禽多數在繁殖期的後期開始換羽，也就是夏季。親鳥經過春季幾個月忙碌的繁殖與育幼，好不容易幼鳥離巢了，親鳥總算有時間換羽並調養身體。因此夏季很少見到猛禽飛行，即使見到也常是羽毛不完整的狀態。反之，遷移性猛禽在繁殖地與度冬期間都會換羽，因此秋季見到羽毛破損的過境猛禽，到了春季可能已恢復完整。又如秋季見到許多過境台灣南下的赤腹鷹是幼鳥，到了春季北返時卻大多是成鳥，這是因為幼鳥在度冬地已換成成鳥羽色了。

■換羽與年齡的概念

鳥類的年齡與換羽有非常密切的關係，我們可以透過觀察猛禽換羽做為推測年齡（簡稱「鑑齡」）的輔助線索。在此先陳述鳥類的「齡」、「羽色」、「曆年」之間的關係。鳥類無法像魚類從尺寸大小，或像人類從容貌來鑑齡，牠唯一的外觀線索是羽色，且僅於年輕階段可看

年份	2014												2015												2016												2017											
月份	1	2	3	4	5	6	7	8	9	10	11	12	1	2	3	4	5	6	7	8	9	10	11	12	1	2	3	4	5	6	7	8	9	10	11	12	1	2	3	4	5	6	7	8	9	10	11	12
季節	冬		春			夏			秋		冬			春			夏			秋		冬			春			夏			秋		冬			春			夏			秋	冬					
羽色描述	第 1 齡羽色（幼鳥）												換羽			第 2 齡羽色（亞成鳥）						換羽			第 3 齡羽色（成鳥）						換羽			成鳥羽色														
曆年描述	第 1 曆年												第 2 曆年												第 3 曆年												第 4 曆年											

出。我們以 1 隻誕生於 2014 年春季的蛇鵰為例來說明。這隻蛇鵰於 2014 年 7 月份羽翼豐滿時離巢，這一身的羽毛會用到 2015 年夏季前，這段期間呈現的羽色稱為「幼鳥羽色」或「第 1 齡羽色」。到了 2015 年夏季，這隻蛇鵰幼鳥進行了生平第一次換羽，換羽完成後牠獲得一身介於幼鳥與成鳥之間的中間羽色，稱為「亞成鳥羽色」或「第 2 齡羽色」。到了 2016 年夏季牠再度換羽，換成「第 3 齡羽色」，此時已獲得成鳥羽色。從此每年夏季仍換羽，但羽色不會再改變，因此成鳥階段已難以鑑齡。

「第 n 齡」是在描述一套羽毛使用的期間（接近 1 年），例如這隻蛇鵰的「第 2 齡」是指 2015 年秋季~2016 年夏季，呈現亞成鳥羽色的期間。「曆年」則是指以元旦做為分隔的年份，例如這隻蛇鵰生命中的第 1 曆年是 2014 年，第 2 曆年則是 2015 年。須注意同一曆年會包含 2 個齡，而同一齡會跨越 2 個曆年。當我們描述猛禽的羽色以推測其年齡時，必須把月份同時陳述，才能正確鑑齡。例如「我在 2019 年見到 1 隻幼鳥」這句話並不足以鑑齡，因若是在 11 月見到的，代表牠是 2019 年生的；但若是在 2 月見到的，則代表牠是 2018 年生的。我們應該把見到第幾齡羽色與所見月份合併考量，才能正確判斷此鳥是哪一年生的，這才是鑑齡的目的。

■幼鳥的鑑齡

幾乎所有猛禽的幼鳥都具有與成鳥不同的獨特羽色，因此幼鳥的鑑齡是最容易的。但是除了看羽色之外，我們也可以從如下幾點羽毛的狀態來判斷：1. 如果離巢不久，所有羽毛都非常完整並且顏色鮮明；2. 如果雙翼與尾羽有橫帶，是整齊相連的；3. 如果羽毛已經有磨損，所有飛羽與尾羽的磨損程度是一致的。反之，其他年齡都不會有這些特徵。

◆秋季出現的林鵰幼鳥，羽毛非常完整

◆東方蜂鷹幼鳥不僅羽毛完整，尾羽的條紋也非常整齊

◆ 2018 年 10 月所攝的蛇鵰，可做為鑑齡之例

■大型猛禽未成鳥的鑑齡

中小型猛禽幾乎都在一次換羽後（即第 2 曆年）就達到成鳥羽色，在鑑齡上很單純。但大型猛禽常需二次以上的換羽才能達到成鳥羽色，體型愈大所需的時間愈久，例如海鵰可能要到第 5~8 曆年才會達到成鳥羽色，因此會有好幾個階段的未成鳥羽色，如何利用羽色與換羽來鑑齡，就成了猛禽辨識中進階的課題。

上文提到所有猛禽都是一年換羽一次，中小型猛禽會在一次的換羽期間內換完全部的飛羽，但大型猛禽卻只會換掉部分的飛羽，沒換完的會留待隔年再繼續。而每當繼續前一年沒換完的部分時，前一年已換羽的部分也會再重新換羽，使得同時有不只一波換羽在進行，這種換羽方式稱為「波浪式換羽」（wave moult）。波浪式換羽會使得大型猛禽身上可同時存在好幾波不同階段的新舊羽，可提供我們鑑齡的極佳線索。但因此部分較為複雜，限於篇幅無法更詳細說明，僅以上圖蛇鵰的例子簡述之。

這隻於 2018 年 10 月所攝的蛇鵰，可看出牠在這個換羽季（約 5~10 月間）所換的飛羽包括 P1~P5、S1、S5、S11，尾羽包括 T1、T2、T6，這些都符合第一次換羽的順序。此時換羽季已結束，牠所獲的「第 2 齡羽色」中，換好的羽毛都已是成鳥羽色，沒換的羽毛仍是幼鳥羽色，這個介於幼鳥與成鳥之間的羽色就是蛇鵰的「亞成鳥羽色」。由此推知，牠是於 2017 年春季誕生的，預期到了 2019 年（第 3 曆年）秋季，牠會將所有幼鳥羽毛換完，獲得成鳥羽色。

飛行的奧妙

猛禽與其他鳥類最大的區別之一，在於高超的飛行技巧，雖然不同鳥類各有其擅長的飛行方式，但幾乎沒有鳥類能像猛禽般兼具多種飛行技巧，且每種都運用自如，這也是猛禽自古以來受到人類崇敬的原因之一。

瞭解猛禽的飛行方式及其原理，對於尋找、辨識與觀察猛禽都有很大的幫助。猛禽的飛行方式可區分為如下 7 類：

■盤旋（soar）

是指猛禽完全伸展雙翼，不需鼓翼，以兜圈子的方式緩緩上升。盤旋的動力是由地面蒸發向上的熱氣流，成圓柱狀的漩渦向上旋轉。猛禽盤旋時為了充分利用熱氣流，會將雙翼盡量伸展，因此可得最大的翼展。盤旋是猛禽爬升獲得高度的主要方式，於晴天時最適合施行。本書討論猛禽的翼展、輪廓、翼面角度時，皆以盤旋狀態為主。

■滑翔（glide）

是指猛禽伸展雙翼，不需鼓翼，以直線前進。滑翔的動力來自於猛禽雙翼本身所受的浮力及風力。滑翔時為了獲得浮力，需將雙翼伸展，但為減少阻力，翼端會後掠。若欲加速，會將雙翼內縮，形成弓翼。滑翔是猛禽前進的主要方式，但無法爬升，且會漸漸失去高度。於各種天候皆會施行。

■鼓翼（flap）

如同其他鳥類般，鼓動雙翼，撥風前進。鼓翼是靠本身的精力，但因猛禽體型大，鼓翼甚費力，所以多數猛禽不善於長時間鼓翼飛行，僅於初起飛、或天氣溼冷時勉強施行。

■俯衝（dive）

是指自高向低加速，不需鼓翼，會弓翼或縮翼。俯衝是靠重力加速度，目的在於突襲獵物、威嚇其他動物、或緊急降落。於各種天候皆可能施行。

■懸停（hover）

是指於空中定點停飛，如懸吊於空中。懸停的動力來自於重力與風力的平衡。懸停須靠逆風，須略鼓翼或完全不鼓翼。懸停的目的在於搜尋地面的獵物。需於有風的天氣才能施行。

■飄飛（kite）

是指於空中不需鼓翼且不定路線緩慢飄浮，如斷了線的風箏。飄飛是盤旋與滑翔的綜合，善飛的猛禽常於高空漫無目的飄飛，可視為一種休息方式，有時則因在空中進食而採用。於暖和或有風的天氣施行。

■展示飛行（display）

是指為了展示、炫耀的目的而做的特殊飛行。不同種類的猛禽有不同的展示飛行，皆為非常特殊的動作，以便讓遠距離的猛禽可見。目的可為對同類異性間善意的求偶、或對同類表示敵意以宣示領域。於各種天候皆可施行。

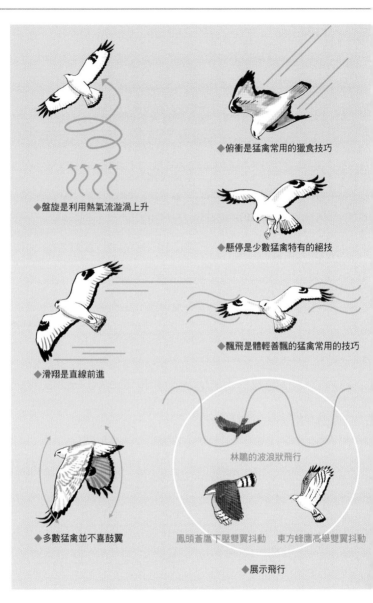

◆盤旋是利用熱氣流漩渦上升

◆俯衝是猛禽常用的獵食技巧

◆懸停是少數猛禽特有的絕技

◆滑翔是直線前進

◆飄飛是體輕善飄的猛禽常用的技巧

◆多數猛禽並不喜鼓翼

林鵰的波浪狀飛行

鳳頭蒼鷹下壓雙翼抖動　　東方蜂鷹高舉雙翼抖動

◆展示飛行

　　由猛禽特有的飛行方式，可延伸出一個非常重要的課題：我們如何在野外判斷遠方飛行的可疑鳥種是否為猛禽？答案很簡單：看牠是否會盤旋或滑翔。雖然也有其他鳥類會盤旋或滑翔，例如鸛類善盤旋、雨燕則善滑翔，但大多數鳥類並不擅長或僅偶爾為之，因此可先藉此過濾多數鳥種。若該目標會持續盤旋或滑翔，再由輪廓判斷牠是否為頭短尾長，因許多也善滑翔的鳥類（例如大型水鳥）為頭長尾短，與猛禽明顯不同。若輪廓也符合，則可認定牠是猛禽，開始進入辨識流程。

由大小辨識猛禽 *Raptors*

　　與其他類群的鳥類相比，猛禽是體型大小的歧異程度差別甚大的一個類群，全世界最大的猛禽安地斯神鷲（*Vultur gryphus*）體長可達 122 公分、翼展達 310 公分、體重達 14 公斤；而最小的猛禽白額小隼（*Microhierax latifrons*）體長僅有 15 公分、翼展僅 30 公分、體重僅 35 克。前者的體長是後者的 8 倍、翼展為 10 倍、體重則是 400 倍。而全世界其餘三百餘種猛禽的體型介於其間，其數值分布頗廣，因此利用體型大小來辨識猛禽至某個程度是相當可行的。以野外辨識的目的而言，一來遇見飛行猛禽的機率遠高於停棲猛禽，二來停棲猛禽的辨識通常倚賴羽色而非大小，因此由大小辨識猛禽主要用於飛行中的猛禽。

如何判斷猛禽的大小

　　當我們見到一隻遠距離飛行中的猛禽時，如何判斷牠的大小呢？以下原則可供參考。

1. 台灣猛禽體型愈大者其展長比趨向於愈大，或者簡述為「翼相對較長」。
2. 台灣猛禽體型愈大者其尾翼比趨向於愈小，或者簡述為「尾相對較短」。
3. 同時盤旋時，體型較大者其盤旋的半徑較大、飛行速度較慢、爬升較快。
4. 體型愈大者其飛行愈穩重，愈不需鼓翼、鼓翼較緩慢，愈不會隨意變向、翻轉。

　　在實際運用時，應以某幾種常見的猛禽做為比較時的「基準鷹種」，將野外所見猛禽與心中熟悉的基準鷹種比較，就可大致推估目標鳥種的可能範圍。筆者建議的基準鷹種及其特色如下：

1. 蛇鵰：常見的大型留鳥猛禽，翼展約 160 公分。飛行穩重，不常鼓翼，鼓翼緩慢。
2. 灰面鵟鷹：常見的中型遷移性猛禽，翼展約 110 公分。飛行穩重與輕巧兼具，常鼓翼，鼓翼緩慢。飛行鼓翼頻度略似小白鷺。
3. 赤腹鷹：常見的小型遷移性猛禽，翼展約 62 公分。飛行活潑，常鼓翼，鼓翼快速。飛行略似鴿子。

　　當兩隻猛禽接近或共用同一氣柱盤旋時，就可很容易地比較其大小了。

◆共飛的蛇鵰與東方鵟，可比較其大小

＊附錄「形值分類表」中，將台灣猛禽依翼展大小排序，可用於互相比較。（請見→ P.234）

由羽色辨識猛禽

與許多鮮豔的鳥類相比，猛禽的羽色顯得相當樸拙黯淡。即使如此，羽色永遠是辨識鳥種最直接的線索，也是最令人信服的證據。猛禽的羽色固然色彩豐富度較為狹窄，但在這狹窄的範圍內仍足以提供對種的辨識依據，惟需觀察者更專注於細部差異。台灣有正式記錄的猛禽已有 35 種，若不考慮未成鳥，但將成鳥的雌雄異型、色型異型及亞種異型都列入考慮，則共有超過 50 種羽色。換言之，若能對羽色有深入的認識，則不僅可辨識種類，甚至可辨識種內的性別或亞種。

羽色包括顏色、斑紋這兩類屬性，而利用羽色來辨識猛禽時，身體各部位需注意的重點不一。以下依頭部、背面、腹面及尾部等 4 種部位來敘述。最後將不屬於羽色，但辨識原則類似的裸部納入討論。

由頭部羽色辨識猛禽

◆具眉線的頭　　◆具眼後線的頭　　◆具鬢斑的頭　　◆具冠羽的頭

猛禽頭部輪廓的形象，包括頭大、頸粗短、嘴勾而有力等，是讓人感受牠是「猛禽」的第一印象來源。除了輪廓，頭部的羽色則可進一步提供辨識類別或種類的線索。觀察頭部羽色時，值得注意的有如下幾項重點：

■眉線：指眼上方的白色長紋。常發生於中小型猛禽，尤其是鷹屬。對於停棲的鷹屬猛禽而言，是否有眉線？眉線是否長而明顯？是辨識種類的重要線索。如灰面鵟鷹的眉線粗細可做為辨識性別及成幼的參考。

■眼後線：指自眼部起，向後延伸的深色細紋或粗帶。具眼後線的猛禽並不多，如鵟屬、魚鷹等。

■鬢斑：指自眼部起，向下延伸的深色紋路或斑塊，似男子兩頰的鬢鬚。以隼科猛禽為代表，鬢斑的粗細、形狀可做為辨識種類的依據。

■冠羽：指頭頂至枕部的特長羽毛。猛禽不見得有冠羽，即使長有冠羽，不同種類猛禽的冠羽形態也各不相同，因此冠羽是很好的辨識線索，尤其由正側面觀察停棲猛禽時。

■顏盤斑：指環繞顏盤形成一圈（呈蘋果剖面形）的斑紋。顏盤斑在貓頭鷹很常見，但在日猛禽僅發生於鵟屬。

■喉線：指喉部的縱紋，若只有中央一道，稱為「喉央線」。喉線最常見於鷹屬，有些種類無喉線、有些有一道明顯粗黑的喉央線、有些為細而不明顯的喉央線、有些則為多道細喉線。這些不同形式的喉線正好可做為辨識種類的依據，尤其由正面觀察停棲猛禽時。

■流蘇：指生長於頸部的特長羽毛。常發生於鷲類，台灣猛禽僅見於禿鷲。

◆具顏盤斑的頭　　◆具喉線的頭　　◆具流蘇的頭

由背部羽色辨識猛禽

猛禽停棲時，其背部與合攏的雙翼可視為「廣義的背部」，因為雙翼雖然不是背部的一部分，但翼上覆羽（有時飛羽亦然）的羽色通常與背部是一致的，這個飛行時呈三角形的部位通常沒有複雜的斑紋，而是一片較為單純的顏色。這個顏色形成一隻停棲猛禽的「主色」，若能看清這個顏色，對於辨識停棲猛禽非常有用，也可應用於能見到背面的飛行猛禽。台灣猛禽的背部羽色「主色」大致可分為 6 類，如下：

■深褐：這是鷹科猛禽最常見的羽色，小至小型鷹屬，大至禿鷲等，超過一半的種類屬於這個色系。

■淺褐：並不多見，僅見於鵟屬、淡色型蜂鷹、熊鷹等。

■紅褐：並不多見，隼科中以紅隼及黃爪隼最典型，鷹科中僅有灰面鵟鷹具明顯的紅褐色。

■黑 / 深灰：真正黑色的猛禽很少，但深灰色在野外很接近黑色，可視為同一色系。包括某些鵟屬雄鳥、隼屬、及黑冠鵑隼。

■灰 / 藍灰：石板灰或帶有藍色的灰是個特別的色系，常發生在某些雌雄異型猛禽的雄鳥上。包括數種鷹屬的雄鳥、及紅腳隼雌鳥。

■白 / 淺灰：真正白色的猛禽很少，但很淺的灰色在野外接近白色，可歸為同一色系。包括黑翅鳶、灰鵟及白腹海鵰。

*附錄「形值分類表」中，將台灣猛禽依大小搭配背部色系排序，可用於互相比較。（請見→ P.235）

由腹面羽色辨識猛禽

與偏向於單純化的背部羽色正好相反，猛禽的腹面羽色偏向於複雜化，通常具斑紋。斑紋形式有些全為縱斑，例如燕隼；有些全為橫紋，例如北雀鷹。也有些胸部為縱紋而腹部為橫紋，例如鳳頭蒼鷹。有些猛禽腹面以「塗彩」取代斑紋，塗彩是指白色底色上的淡色色塊，像是繪畫時在白布上塗上一層淡彩般，例如日本松雀鷹雄鳥。

腹面羽色的觀察並無特別的訣竅，端賴是否有好的機會自正面觀察停棲的猛禽，遇到這樣的機會時應仔細看清其羽色細節，再比對圖鑑即可。但需謹記：幾乎所有腹面有斑紋的猛禽，其未成鳥的斑紋皆與成鳥不同，比對時務必將此因素考慮在內。舉例而言，見到一隻腹面有許多斑紋的小型鷹屬時，不僅要考慮松雀鷹、北雀鷹等腹面有斑紋的種類，尚需將赤腹鷹幼鳥列入考慮，雖然赤腹鷹成鳥的腹面並無斑紋。

◆有縱斑的腹面　　◆有橫紋的腹面　　◆縱橫紋皆有的腹面

由下翼面羽色辨識猛禽

廣義的「腹面」，不僅包括身軀的腹面，還包括翅膀打開的下翼面。飛行的猛禽是我們在野外最常遇到的情形，而下翼面則因面積大，是我們利用羽色辨識猛禽時最常用到且最易看清楚的部位。

觀察下翼面時，有幾處常發生的特徵需注意：
■翼帶：指與雙翼平行的長橫帶。最典型的例子為蛇鵰的白色翼帶。
■黑色翼端：許多下翼面主要為淡色的猛禽在雙翼尖端為黑色、或近似黑色的深色。翼端黑色部分的大小視種類而異，但都有辨識上的幫

助，例如赤腹鷹幼鳥的翼端黑色部分雖然很小，但卻是認出高空的赤腹鷹的重要特徵。

■腕斑：指腕部的黑斑。最典型的例子為鵟屬猛禽。
■翼後緣鑲邊：指雙翼後緣有一道深色的邊緣，主要在次級飛羽末端，有些種類延伸至初級飛羽末端。例如灰鷂、毛足鵟皆有此特徵，而東方蜂鷹總是發生於雄鳥上，故可做為判斷性別的重要參考。
■翼窗：指飛羽上潔白無斑紋、或羽色特別淡的部分。許多大型猛禽其初級飛羽基部的羽色較淡，形成

新月形的白斑，例如林鵰。但若此淡色區域的面積較大，在陽光下會產生猶如「開天窗」般的醒目效果，例如大鵟與熊鷹。此外，白肩鵰未成鳥的最內側3枚初級飛羽雖非潔白無斑紋，但因相對於其他飛羽顏色特別淡，也形成如翼窗般的視覺效果。

◆有翼帶的翼　　◆具黑色翼端的翼　　◆具腕斑的翼

◆後緣鑲邊的翼　　◆具翼窗的翼

由尾部羽色辨識猛禽

除了極少數猛禽，例如白尾海鵰，多數猛禽的尾部羽色並不特別突出。就顏色而言，尾部的上尾面通常類似背面，色較深而濃郁；而下尾面則類似腹面，色較淡而無光澤。就斑紋而言，尾部若非潔淨無紋，就是有若干橫帶，有些種類的橫帶不明顯、有些很明顯。然而，即使羽色不是非常鮮明，尾部仍是利用羽色辨識猛禽時非常重要的部位，因為有些相似的猛禽必須依靠尾部羽色的細部差異來分辨，3種鵟屬就是最明顯的例子。

觀察尾羽時，需注意如果是停棲的猛禽，必須分辨所見的角度是上尾面還是下尾面，兩面的斑紋雖然一樣，但色澤是不同的，且停棲的猛禽其尾羽通常是合攏的，其羽色較不明顯。反之，觀察飛行猛禽的角度以下尾面為主，其尾羽較常張開，且因天光的映照，羽色較能清楚展現。

尾羽的斑紋是觀察尾羽的重點，需注意橫帶有幾道？寬或窄？各道是否等寬？是否等距？色澤是否等深？末端帶是否特別寬？這些細節常是辨識種類、性別或成幼的重要線索。此外，有些猛禽的最外側尾羽或中央尾羽的紋路與其他尾羽不同，但這樣的細部形態通常在野外不易看出，僅適合於檢視標本時參考。尾部除了尾羽本身，尾上覆羽

及尾下覆羽也是可資利用的辨識線索，例如林鵰與花鵰全身羽色近似，但尾上覆羽羽色明顯不同；東方澤鵟與灰鵟的雌鳥情形亦然。鳳頭蒼鷹與松雀鷹羽色近似，但前者的白色尾下覆羽蓬鬆發達，可藉以與後者區別；燕隼栗紅色的尾下覆羽則是牠重要的羽色特徵。

◆潔淨無紋的尾　　　◆具末端帶的尾　　　◆等距橫帶的尾

◆不等距橫帶的尾　　　◆不等深淺橫帶的尾

由裸部辨識猛禽

與「羽色」的定義正好相反，「裸部」是指猛禽身上不長羽毛的部分，包括眼部、眼先、嘴喙、蠟膜、足部等部位。裸部只佔猛禽全身的一小部分，且因變化不多，所以無法做為辨識種類的主要線索。但與羽色相較，裸部卻能提供相對之下更為穩定的性狀特徵，它不像羽色會受到諸多外在因素的影響而輕易地變化其性狀，例如飛羽磨損造成翼形怪異難辨、風吹使得冠羽忽長忽短、雨淋使得羽毛凌亂不堪等，它在短時間內會維持不變。但裸部並非永遠不變的，它會隨年齡成長而有規律性的變化，且某些種類有雌雄異型的現象，這些變化使裸部成為鑑別年齡與性別的一大利器。

■眼部

眼部中，位於中心的瞳孔的顏色總是黑的，然而位於瞳孔外圈的虹膜卻隨著種類而有不同變化。由於在陽光下虹膜的顏色清晰可辨，對於辨識很有幫助。本書各論中提到「眼」的顏色時，皆是指虹膜。

以成鳥而言，虹膜的顏色可分為3大色系：黃色、暗色、紅色。有些猛禽不論雌雄虹膜都是同一顏色；另有一些猛禽，雌雄鳥的虹膜顏色不同，可用來鑑識性別，例如赤腹鷹。

若將年齡的因素也列入考慮，則虹膜的顏色有更多複雜的變化，因為幼鳥的虹膜顏色與成鳥不同，且不同

重類各有不同。綜觀之,所有在幼年階段(雛鳥及幼鳥)的猛禽的虹膜總是黯淡而混濁,顏色通常是灰色系的,如藍灰色、黃灰色。到了成鳥階段,才會轉為鮮明的顏色。成鳥隨著年齡的增長,某些虹膜為黃色的猛禽會逐漸轉為偏紅,通常發生在鷹屬猛禽。這些顏色的變化是專家藉以推測猛禽年齡的重要線索。

*附錄「形值分類表」中,將台灣猛禽依大小搭配虹膜色系排序,可用於互相比較。(請見→ P.235)

◆黃色的眼　　　◆暗色的眼　　　◆紅色的眼　　　◆灰色的眼

■眼先

眼先是一小片位於眼與蠟膜之間的裸皮,其上僅長有稀疏的剛毛,顏色通常是灰色或淡黃色。眼先因顏色黯淡且面積小,並不顯眼,對野外辨識上的幫助很小。然而卻有例外:蛇鵰的眼先非常大片且為鮮黃色,即使稍遠的距離仍可見,因此這個「黃臉」標誌可做為辨識蛇鵰的撇步。

此外,東方蜂鷹的眼先並非裸露,而是長有細密且質硬的小羽毛,用以防止蜂螫,這項細部特徵是其演化與分類上的重要特徵,雖然野外不易見,但若有機會檢視籠鳥或標本時可注意之。

■嘴喙與蠟膜

嘴喙與蠟膜是頭部較為突顯的裸部。除了美洲鷲目,幾乎所有猛禽的嘴喙都是黑色或灰色,而蠟膜都是黃色,因此這部分對於辨識種類並無幫助。然而仍有少數例外,可用於辨識:東方蜂鷹幼鳥的蠟膜是黃色的,成鳥轉為鉛灰色;白尾海鵰幼鳥的嘴喙與蠟膜是黑褐色的,成鳥轉為黃色;禿鷲幼鳥的嘴喙黑、蠟膜粉紅色,成鳥轉為嘴灰、蠟膜藍紫色;紅腳隼雄鳥的蠟膜是紅的、雌鳥則是橙黃色。

■足部

猛禽的足部上半部是被毛的、下半部則裸露無毛的,然而被毛至什麼位置卻不盡相同。中小型猛禽於跗蹠以下皆裸出,大型猛禽則有些跗蹠全部裸出,例如蛇鵰;有些跗蹠部分被毛,例如大鵟;有些跗蹠全部被毛,例如熊鷹。因此足部的被毛情形可做為辨識種類的重要依據。

足部裸露的部位,包括跗蹠與腳趾,顏色上幾乎都是黃色的,並不能提供辨識種類的幫助。然而,其粗細程度對某些種類的辨識非常有幫助,尤其是松雀鷹與鳳頭蒼鷹,這兩種的羽色非常相似,但前者跗蹠與腳趾非常纖細,後者較粗,可藉此區分。

在野外觀察飛行的猛禽時，常因距離過遠、或光線角度不佳，所見形象僅剩一小塊漆黑的剪影，此時羽色特徵已全然無用，該如何辨識呢？既然只乘輪廓可看，我們就必須將輪廓所能透露的線索善加運用。事實上，不同種類的猛禽間其輪廓存在著或大或小的差異，僅憑輪廓已足以成功辨識大部分的猛禽。由輪廓辨識飛行中的猛禽是猛禽辨識方法中最困難的課目，卻也是最重要的精髓，觀鷹人應多加練習。

利用輪廓來辨識猛禽，其實視覺上係同時進行 2 類作業：一是形狀上的分類，二是形狀上的比較。在形狀分類的部分，主要是將所見猛禽依輪廓分成幾大類，例如翼端是尖的或是寬的，這個作業有其基本概念可依循，較為單純。但在形狀的比較上，則是透過「相對」比較而來的，包括長或短、寬或窄、胖或瘦……等，例如有 3 種猛禽其尾部長短互不相同，尾長居中者若與尾長者相比，牠的尾部算是短的，但若與尾短者相比，牠的尾部卻又顯得是長的，此例說明了「相對」的重要性。為了使「相對」比較能更具客觀性，本書將某些輪廓屬性「數值化」，利用數據來表現猛禽的形狀，並便利不同猛禽之間形狀的比較。

飛行猛禽的整體輪廓——展長比

一隻飛行猛禽的輪廓，是由好幾部分所組成的，例如頭部、雙翼、尾部各有其輪廓，且對辨識皆有幫助，將於下節說明。但有一個給人第一印象的整體輪廓，應先予討論，即「翼展 vs 體長」輪廓。

想像一隻猛禽由正前方逐漸飛向我們，當牠飛至我們的正上方時，我們抬頭所見的猛禽像是一個十字形，翼展是牠的橫軸、而體長則是縱軸，這兩軸交叉所成的十字形就是這隻猛禽給人的整體輪廓印象。

然而，人類因為雙眼橫向平視的關係，習慣將視野範圍假想為一橫向的長方形，這個長方形的扁平程度可用長（橫向）與寬（縱向）的比例來表示，例如電視機螢幕為長寬比 4：3 的長方形、傳統的 135 相機底片為 3：2 的長方形、而沖印照片的尺寸則為 6：4 或 7：5。為了配合這樣的習慣，我們將上述猛禽的十字形整體輪廓改用長方形的框來表示，這個長方框的扁平程度可用翼展（橫向）與體長（縱向）的比例來表示，這就是「展長比」。

翼展

體長

■展長比　　　　　　　　　　■尾翼比

之前已提及：翼展是難以測量的，然而展長比卻可以測量，因為它是一個比值，而非一個精確測量值，最好的測量方法是測量自正上方所攝的猛禽飛行照片，本書所列的展長比都是這樣得來的，但因所參考的照片不盡然都是最好的角度，因此難免有誤差。同時請讀者瞭解：展長比只是一個參考用的概念，它既非精確的測量值、也擁有很大的變化範圍，因此不宜用於分辨差異很小的兩種猛禽。

台灣猛禽的展長比以禿鷲的 3.2 最大、松雀鷹的 1.8 最小，其間有一趨勢：體型愈大的猛禽，其展長比愈大。也就是說體型愈大的猛禽，其雙翼相對於體長愈長。

*附錄「形值分類表」中，將台灣猛禽依大小搭配展長比排列，可用於互相比較。（請見→ P.234）

頭部的輪廓

上段述及，飛行猛禽的輪廓是一個十字形。若進一步細分，此十字形可區分為頭部、尾部及雙翼等三個部位。其中，頭部的輪廓是最沒有特色的，因為多數猛禽是頭粗頸短的，飛行時所呈現的粗短頭部輪廓皆甚相似，並不能提供辨識上的助益。僅有的例外有二，一是東方蜂鷹，牠的頭部與嘴喙比其他猛禽細長，因此牠相對細長的頭部輪廓可與其他猛禽區隔，對其飛行辨識頗有幫助；二是禿鷲，牠是極少數長頸（皆發生於鷲類）的猛禽之一，然而牠飛行時會將長頸內縮，使得頭部輪廓相對於巨大的雙翼顯

得特別小，成為可利用頭部輪廓來辨識的另一特例。

尾部的輪廓

在十字形輪廓中，尾部位於頭部的反側，但與沒什麼特色的頭部輪廓恰相反，猛禽的尾部輪廓相當具有特色，對於辨識種類有極大的助益。其特色展現在形狀及長度兩大部分。

■尾部形狀

在探討猛禽尾羽的形狀之前需先強調：猛禽的尾部形狀並非固定不變的，尾部由 12 枚尾羽排列成雙摺扇的構造，可隨意張合，因此其形狀可在完全合攏至完全張開之間變化，例如一個合攏為長棒形的尾，一旦張開就成了扇形，因此切莫固守某單一形狀來辨識特定猛禽，否則很容易失誤。

即使如此，我們還是可以依每種猛禽最常展現的尾部形狀來討論，若先不論其長短及寬窄，而以尾羽末端排列的形狀來分類，大致有如下幾類：

1. 楔形（箭矢形）：指中央尾羽遠長於外側尾羽，使尾部呈箭矢形。此種尾羽合攏時楔形最明顯，全張時最不明顯，可能接近扇形。海鵰屬有最典型的楔尾，而蒼鷹、黃爪隼的尾僅稍微楔形，有些個體不顯，成為扇形。

2. 扇形（圓形）：指各尾羽約等長，但中央尾羽稍微長於外側尾羽。此種尾羽合攏時末端呈圓形，兩角落並無明顯的尖角，張開時則呈扇形。許多猛禽為扇形尾。

3. 方形（角形）：指各尾羽約等長，

◆楔形的尾（白腹海鵰）　◆扇形的尾（紅隼）　◆方形的尾（林鵰）　◆凹形的尾（黑鳶）

但中央尾羽稍微短於外側尾羽。此種尾羽合攏時末端平直，兩角落呈明顯的尖角。張開時則呈方形。少數猛禽為方形尾。

4. 凹形：指中央尾羽遠短於外側尾羽，似魚尾。此種尾羽合攏時呈深叉，半張時呈淺凹，全張時凹形不顯，呈三角形。台灣僅黑鳶為此類。

尾部長度

尾部除了形狀，另一項會讓觀察者立即感受到的則是長短，有些飛行猛禽給人的第一印象就是「尾很短」，例如蛇鵰；有些則給人感覺「尾很長」，例如松雀鷹。然而實際上蛇鵰尾長的測量值是松雀鷹的 2 倍，為何我們反而覺得蛇鵰的尾較短？原因很簡單，因為人眼具有某些「錯覺」的特性，其中，對於單一物體的長短總會拿離它最近的另一個物體來比較。我們對尾的長短感覺其實是相對於翼的長短而來的。同樣的尾，相對於長翼就成了短尾；相對於短翼就成了長尾。為了將尾長的感覺量化，筆者定義「尾翼比」＝尾的長度：一邊翼的長度。此處的長度都是自翼後緣量起。僅取一邊的翼是為了簡化目測

估量的難度與誤差。與展長比同理，尾翼比的數值可經由測量照片得到，但難免有誤差，讀者宜將它視為參考用的概念，可用於種類間的初步比較，但無需固守其數值。

尾翼比的數值可以簡單應用於實際所見猛禽，例如灰面鵟鷹的尾翼比為 0.38，表示其尾長是一邊翼長的 0.38，或取其倒數，得知一邊翼長是尾長的 2.6 倍。台灣猛禽的尾翼比以禿鷲的 0.20 最小、北雀鷹的 0.56 最大，其間有一趨勢：體型愈大的猛禽，其尾翼比愈小；體型愈小的猛禽，其尾翼比愈大。簡單的說，體型愈大的猛禽，其尾相對愈短。所以在野外見到遠距離飛行的猛禽時，第一眼可先看牠的尾，然後用尾來判斷牠的大小等級。

上述關於尾的長短，皆是針對飛行的猛禽，對於停棲猛禽並無法運用。然而，對於停棲猛禽另有一訣竅可用：即比較合攏的雙翼尖端與尾部末端兩者的關係。翼短尾長者，翼尖會短於尾端，使尾部露出一截；反之，翼長者翼尖會達到或略超過尾端，尾部通常被完全遮

＊附錄「形值分類表」中，將台灣猛禽依大小搭配尾翼比排列，可用於互相比較。（請見→ P.234）

。換言之，當我們自側面或背面觀察停棲的猛禽時，可利用雙翼遮住尾部的程度多寡來判斷其尾部長短。以鳳頭蒼鷹與灰面鵟鷹為例，兩者皆為中形猛禽，停棲時形態頗為相似，尤其是幼鳥，但兩者最易分辨的方法就是看尾部，鳳頭蒼鷹的尾部露出一大截、灰面鵟鷹則完全被雙翼遮掩。

雙翼的輪廓

在十字形輪廓中，雙翼位於左右兩側，且面積最大，最容易看清，是觀鷹人辨識種類最好用的視覺線索。如同尾部，其特色也展現在形狀及長度兩大屬性，但猛禽雙翼的變化比尾部更為複雜，因為它有數處關節，皆可隨意活動，造成同一隻猛禽其雙翼形狀時有變化。這些變化是根據牠的飛行方式而來的（關於猛禽的飛行方式，請參見〈飛行的奧妙〉→ P.49）。為了比較上的

一致性，以下大致以盤旋時的翼形做為描述時的基準，但要再次強調：切莫固守某單一形狀來辨識特定猛禽，否則很容易失誤。對於翼形，有如下幾處重點需分辨：

■整體輪廓——長 vs 短、寬 vs 窄

論及猛禽的翼形時，我們將「長短」用於描述橫向（翼展的方向）的長度，而「寬窄」則用於描述縱向（身軀的方向）的寬度。單獨一邊的翼其輪廓也類似長方形，因此也有「長寬比」的概念，可用於表示該翼形的整體輪廓，長寬比值愈高者，表示翼形愈「窄長」、長寬比值愈低者，表示翼形愈「寬短」。因翼形分類憑直觀判斷已很容易，筆者不再予以數值化。

■翼端的輪廓
——尖 vs 寬、指叉、指突

翼的末端是雙翼輪廓中非常重要的部分，因為它有較高的歧異性。首先可將翼端分為兩大類：尖形或寬形，尖形是隼科的特色，而寬形則是鷹科

五大翼形

◆寬長形——林鵰

◆寬短形——鳳頭蒼鷹

◆中間形——東方蜂鷹

◆窄長形——魚鷹

◆窄尖形——遊隼

的特色。在寬形中，又可區分出稍尖、稍圓、或深叉等不同的形狀。

其次，若翼端不尖，則必然是因最外側幾枚初級飛羽分叉所致，此種分叉稱為「指叉」，其輪廓是由初級飛羽本身、及各羽之間的縫隙兩者共同形成。有些猛禽的指叉很淺，遠看甚至外圈輪廓的感覺勝過指叉的感覺，例如鷹屬。有些猛禽的指叉很深，遠看仍可清楚見到一枚枚分離的飛羽，例如林鵰。指叉的數目，也就是構成指叉的初級飛羽的枚數，介於 4~7 之間，這個數目是分辨某些相似種的重要辨識參考，尤其是鷹屬。

若形成指叉的最內一枚飛羽，與不形成指叉的最外一枚飛羽間，有很明顯的長度落差，就會使指叉有「突出」於雙翼的感覺，此種感覺稱為「指突明顯」。指突明顯的猛禽當翼端後掠、直線加速飛行時，其向後突出於翼基的後掠部分會變得很明顯。指突是否明顯，是翼端輪廓中很細微的部分，但在辨識某些相似種時很有幫助，例如松雀鷹與鳳頭蒼鷹的飛行輪廓非常相似，但松雀鷹的指突明顯、而鳳頭蒼鷹無指突，有經驗的觀鷹人可賴以分辨。

■翼後緣的輪廓——平直 vs 圓突

飛行猛禽的雙翼完全展開時，其翼後緣（自基部至指叉之間）的弧度亦為有助於辨識的線索。此弧度可為非常平直、略為圓突、或非常圓突。一般而言，翼較長者傾向於擁有平直的翼後緣、翼較短者傾向於擁有圓突的翼後緣。以大型猛禽為例，林鵰的翼甚長，其翼後緣頗平直；而熊鷹翼較短，其翼後緣圓

◆赤腹鷹的翼後緣平直

◆鳳頭蒼鷹的翼後緣圓突明顯

突明顯。而在同類且體型近似的猛禽中，遷移性的種類傾向於平直，而留鳥傾向於圓突。例如台灣的鷹屬猛禽中，翼後緣最為圓突者即是台灣的兩種留鳥猛禽——鳳頭蒼鷹與松雀鷹；又如台灣最知名的兩種遷移性猛禽——灰面鵟鷹與赤腹鷹，其翼後緣都頗為平直。

■弓翼（折屈）

並非所有猛禽都習慣將雙翼完全伸展來飛行，有些猛禽最常用的飛行方式是雙翼在腕部折屈，使翼基略向前而翼端後掠，這樣的翼形稱為「弓翼」。最典型的例子是魚鷹及燕隼，此外黑鳶、鵟屬、隼屬都常弓翼飛行。

*附錄「形值分類表」中，將台灣猛禽依大小搭配翼形分類排列，可用於互相比較。（請見→ P.234）

▶魚鷹是鷹科中弓翼最明顯者

▶隼屬也常弓翼飛行

中，我們以東方蜂鷹做為中間型的基準，牠的翼形整體輪廓的長寬比約略居中，可供比較其他猛禽。

1. 寬長形：翼寬長、翼端指叉長、後緣平直、不折屈。包括禿鷲、海鵰屬、鵟屬、林鵰、蛇鵰。

2. 寬短形：翼寬短、翼端指叉短、後緣圓突、不折屈。包括鷹屬、熊鷹、黑冠鵑隼。

3. 中間形：翼中等長寬、翼端不尖但指叉亦不長、後緣稍圓突、不折屈。包括東方蜂鷹、鵟屬、靴隼鵰。

4. 窄長形：翼窄長、翼端不尖、後緣平直、略折屈。包括魚鷹、黑鳶、鷂屬、灰面鵟鷹。

5. 窄尖形：翼窄長、翼端尖、後緣平直、略折屈。包括隼科、黑翅鳶、赤腹鷹。

■翼形的分類

經過上述幾項輪廓重點的逐一討論後，我們可予以綜合整理，將台灣猛禽的翼形分為下列幾大類。其

另類的輪廓——翼面角度

上述 3 種輪廓——頭部輪廓、尾部輪廓、及雙翼輪廓，已經將代表猛禽整體輪廓的十字形的各部位都述及了，是否這樣已足以識別遠距離的猛禽了？若真正到野外運用，我們可能遇到一個很悲慘的情形：上述各種輪廓都看不清楚，因為那隻猛禽正對著我們飛行，唯一見到的輪廓是由頭部及雙翼所構成的一道線條，此即「翼面角度」。正如之前曾說的：「有什麼線索，就用什麼線索！」翼面角度其實是一個很有用的線索，而且是高段的觀鷹人的必殺絕技！舉例而言，若懂得運用翼面角度，在台灣的深山可很快認出數公里外的一隻大型猛禽是蛇

鵰、林鵰、熊鷹或是東方蜂鷹。

翼面角度是指飛行中的猛禽雙翼展開時，由其正前方（正後方亦可）觀看其雙翼翼面所形成的角度。翼面角度之所以能做為辨識的線索，是源自於猛禽的飛行技巧高超，而不同猛禽間各有其習慣的飛行方式，有些雙翼水平、有些雙翼上揚等、有些則稍微下垂，因而形成不同的角度。同時，即使是同一種猛禽，使用不同飛行方式時可能有不同的翼面角度，例如白肩鵰於盤旋時雙翼水平，但滑翔時雙翼下垂，應加以區分，但多數情形我們以盤旋為主。

翼面角度一共由 5 個點所決定：

63

身軀、2 個腕關節、2 個翼端。其中，腕關節若上揚，就會使雙翼基部形成 V 形，但翼端的位置又決定了 V 的深淺或轉為 M 形。此外，翼端的指叉上翹的程度也是構成翼面角度的另一要素，通常指叉愈長者上翹愈明顯。

關於台灣猛禽的翼面角度，下圖將列出若干具有特殊角度的猛禽，供讀者參考。

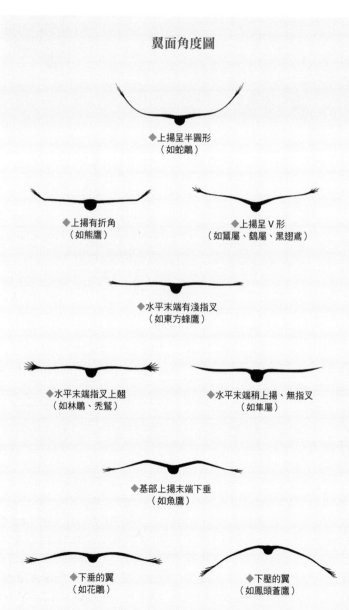

翼面角度圖

◆上揚呈半圓形
（如蛇鵰）

◆上揚有折角
（如熊鷹）

◆上揚呈 V 形
（如鵟屬、鵟屬、黑翅鳶）

◆水平末端有淺指叉
（如東方蜂鷹）

◆水平末端指叉上翹
（如林鵰、禿鷲）

◆水平末端稍上揚、無指叉
（如隼屬）

◆基部上揚末端下垂
（如魚鷹）

◆下垂的翼
（如花鵰）

◆下壓的翼
（如鳳頭蒼鷹）

由行為辨識猛禽 Raptors

蛇鵰常呈小群共飛

　　上述以大小、羽色、輪廓等線索來辨識猛禽，都是屬於「視覺線索」。但還有另一大類的線索，其好用的程度不下於視覺線索，卻常遭忽略，那就是「行為線索」。利用行為線索是我們日常生活中辨識熟人常用的模式，例如遠遠走來的熟人，我們不需看清他的臉龐，就可認出他，因為他走路有其特有的節奏、步調、風格、習慣。英文的鳥類專書中，這些行為線索有一專有名詞，稱為 "jizz"，我們可翻譯為「氣質」，意義頗類似人格氣質。本書中常提到氣質，就是指行為線索。

　　在構成猛禽氣質的諸多行為習性中，對辨識最有幫助的有下列幾項：

■飛行方式

　　猛禽的飛行能力甚強，可運用多種方式飛行，但每種猛禽有其偏好的習慣。有些猛禽偏好盤旋，例如蛇鵰；有些常直線滑翔，例如燕隼；有些則頻頻鼓翼，例如魚鷹。同為盤旋，有些種類飛行路線很穩定，氣質穩重，如鳳頭蒼鷹；有些則忽左忽右、忽上忽下，氣質活潑，如松雀鷹。同為鼓翼，有些種類振幅深而緩慢，如東方蜂鷹；有些則淺而快，如魚鷹。同為懸停，有些尚需頻頻鼓翼，如黑翅鳶；有些則幾乎不需鼓翼，如紅隼。這些飛行方式即使無法讓我們直接辨識種類，至少可幫助縮小範圍。

　　若我們見到非常特殊的飛行方式，足以提供充分的辨識證據，此即「特徵飛行」。特徵飛行是遠距離辨識猛禽的最佳線索。例如：魚鷹的垂直俯衝入水、紅隼的懸停、鳳頭蒼鷹的下壓抖翼、東方蜂鷹的鼓掌展示、林鵰的波浪飛舞等。

■群集性

　　每種猛禽是否會成群、群集的大小、是否會與他種混群等都與其習性有關，雖然這個線索並非絕對，但仍可幫助我們做為辨識種類的重要參考。以留棲性猛禽為例，黑鳶可成數十隻的群集，蛇鵰經常三五成群，而其他種類很少超過 2 隻；以遷移性的鷹屬為例，赤腹鷹習於成大群遷移，常見成百上千的群集，但日本松雀鷹與北雀鷹都不成群。

由鳴聲辨識猛禽

Raptors

　　觀鳥人都知道，利用鳴聲來偵查並辨識鳥類是極為重要的觀鳥方法，尤其在視野受限的森林或叢藪環境裡，聽聲辨鳥甚至比用視力找鳥更好用。

■鳴叫的時機

　　多數的猛禽並不常鳴叫，因為牠們的視力絕佳，個性孤僻，不需依靠鳴聲做為彼此溝通的工具，但仍有少數例外，例如蛇鵰就是終年好鳴的例子。但即使平時並不常鳴叫的猛禽，到了繁殖期都會變得很愛鳴叫，因為可透過鳴叫達到求偶、驅敵、呼喚配偶、索食等多種功能。台灣留鳥猛禽的繁殖期頗長，若把求偶期也算在內，自 12 月至 7 月間都有不同種類的留鳥猛禽先後求偶與繁殖，我們就有機會聽到牠們的鳴聲。此外，冬候鳥偶爾也會鳴叫，例如魚鷹與灰面鵟鷹。而同種猛禽裡，離巢不久的幼鳥特別愛鳴叫，因向親鳥發出索食聲的習慣還沒戒斷。

■鳴聲的特色

　　猛禽的鳴聲雖然無法像鳴禽（燕雀目）般婉轉多變且具極高的辨識度，初聽會覺得只是音質頗相似的單純悠鳴，但不同種猛禽的鳴聲其音調高低、長短、音量大小、重複次數等仍各有特色，足以區別，自然可做為辨識的依據。

　　相對於其他善鳴的鳥類，我們要聽到猛禽鳴叫的機會的確不多，因此不容易熟悉。要熟悉牠們的鳴聲，最好的方法就是上網聽別人錄到的鳴聲。以下推薦幾個最具規模的鳥音資料庫網站，查索時須注意同一種猛禽在不同地區可能有不同的鳴聲，宜尋找與台灣同一亞種者參考。

1. **xeno-canto**

   https://www.xeno-canto.org

2. **Macaulay Library**

   https://www.macaulaylibrary.org

3. **eBird**

   https://ebird.org/home

　　利用鳴聲辨識猛禽時要注意的是，有些鳥類會模仿猛禽的叫聲，例如小卷尾經常發出與松雀鷹一樣的鳴聲、松鴉可模仿松雀鷹與熊鷹的鳴聲、台灣藍鵲會發出類似鳳頭蒼鷹的鳴聲、黑喉噪眉會模仿蛇鵰的鳴聲。當我們只聽到鳴聲卻找不到空中的猛禽時，需注意是否來自模仿者，尤其當聲音來自地面時更須小心確認。

上述 3 個鳥音網站的 QR code

◆ xeno-canto

◆ Macaulay Library

◆ eBird

利用相機協助辨識猛禽

在數位相機發明以前的漫長歲月裡，在野外從事鳥類觀察的人，不論是科學家還是觀鳥人，手上僅有的觀察工具便是望遠鏡，對於某些距離遠、辨識難度高的鳥，例如猛禽，必須把握短暫時間用望遠鏡仔細看清楚，儘快做出鑑別判斷。可想而知是頗有難度的，有時就算做出判斷，自己也沒有十足把握。更有些時候，二個人做出不同的判斷，究竟誰才對，難以驗證。彼時雖然已有品質不錯的底片相機與長鏡頭，但拍照後還得經過費時的沖印程序才能看到照片，緩不濟急，且拍到的鳥若很小並沒什麼幫助，因此觀鳥人就算擁有相機，也寧可先用望遠鏡好好觀察，除非鳥飛近了才會考慮拍下。換言之，觀鳥與拍鳥必須二選一，難以兼顧。

數位相機發明並不斷精進後，完全顛覆了上述觀念。數位相機有許多完勝底片相機與望遠鏡的優點，其中，拍完可立即檢視照片，且可放大觀看局部細節，這兩點使得數位相機更像一部結合了拍照、記錄與播放的「觀測儀器」，可協助即時辨識鳥種。對於距離常常很遠的猛禽而言，尤有幫助。雖然相機並非觀鷹的必要配備，但若以協助辨識的觀點而言，它確實是如虎添翼的利器，對於參與科學調查的觀鷹人而言，更是如此。

並非所有相機＋長鏡頭的組合都可化身為辨識利器，它仍須具備一定條件。首先相機對於微小目標的對焦能力要夠好，才足以拍到遠方的猛禽；其次像素要夠高，影像放大後才不至於太模糊；再者不要太重，可以手持，才能涵蓋廣大空域。舉例而言，一部中高階的單眼相機 +400mm/f5.6 鏡頭就非常符合上述條件。

■掌握「正腹面」拍攝角度

觀鷹人如果配備了適當的照相機組，等於在望遠鏡之外又多出一套觀測＋辨識工具。當見到遠方盤旋的猛禽，以望遠鏡觀察卻無把握鑑別時，就可用相機拍下，透過液晶螢幕放大，觀看各項細節來鑑別。即使在相機觀景窗中只是小黑點的

◆距離頗遠的猛禽，只要能拍到正腹面，對辨識一定有幫助

猛禽，只要能對焦，拍下後都有助於辨識，但應盡量拍到「正腹面」的角度，一來因正面角度才足以看出完整輪廓，二來因斑紋特徵多半在腹面。放大後的影像可透露不少眼睛看不清的細節，例如輪廓比例、指叉數量等。如果猛禽很近，且逗留時間長，各種角度都可盡量拍攝，只要羽色斑紋都可看清，成功辨識當然不成問題。

對於擁有拍攝器材且有心觀察猛禽並學習辨識的初學者而言，相機就是最好的助教，當見到猛禽但沒把握辨識時，可先拍下來。與純粹追求又大又美的拍鳥人不同的是，觀鷹人即使較遠較小的猛禽都值得拍下。回家後在電腦上利用後製技術將原本不佳的照片調整到尚可的程度，仔細比對圖鑑，自我練習，一旦比對成功，辨識能力自然會快速增進。

■充分解讀圖片線索

即使是又小又模糊的猛禽照片，只要是「正腹面」的角度，仍有機會成功辨識。以下圖為例，用筆記型電腦將一隻猛禽照片放大後，用尺分別測量翼展、體長、尾長、一

◆只要角度很正，模糊的照片亦可成功辨識

邊翼長，之後就可算出展長比與尾翼比（→ P.58）。本圖不明猛禽的展長比 =2.5、尾翼比 =0.39，經查「台灣猛禽形值分類表」，最接近此二數值的猛禽是灰面鵟鷹，再經比對輪廓、指叉數、出現時地的合理性等，確認這隻猛禽是灰面鵟鷹。

如果對拍到的猛禽照片無辨識的把握，可將照片傳給資深的觀鷹人請教，或是貼至鳥類相關社群網站上請教廣大鳥友，通常都可得到解答。但有一種情況是：所拍的照片或因鳥太小、太模糊、角度不佳等因素，並無法鑑別，此時即使有網友言之鑿鑿認定是某種，應當作參考就好，而非盡信。在科學上，野外調查時必然有一部分目標物是無法成功鑑別的，照片亦然，硬是冠上某答案反而違反科學。

雖然相機可做為影像記錄與協助辨識的利器，但它仍有本質上的弱點，例如照片只能呈現一瞬間的凍結樣貌，卻失去前後連續行為的關聯性，又如長鏡頭的視角非常狹窄，如果空中有 2 隻猛禽共飛，若只專注於拍攝其中 1 隻就會失去另 1 隻的動態及兩者的互動行為。所以過度依賴拍照，以為拍照可完全取代眼睛的觀察是不對的。例如遠方出現一隻小鷹，某人從頭到尾拍了許多照，卻因鳥太小以致無法鑑別這隻鷹；另一位則揚棄拍照，專心用望遠鏡觀察，結果見到該鷹雙翼下壓抖動，得以認出牠是鳳頭蒼鷹。總之，就達到辨識的目的而言，望遠鏡與相機應該交互運用，截長補短，不應偏廢一方。

如何記錄猛禽 *Raptors*

一旦具備了獨力尋找猛禽與辨識種類的基本能力,且有正確的觀察概念,您已經成為觀鷹人了。然而,若僅止於當下的觀察,事後如過眼雲煙,是很可惜的。若能將猛禽當時的狀況記錄下來,不論對自己觀鷹經驗的累積,或對整體猛禽保育研究都可有所幫助。

記錄猛禽最簡單的方式便是文字,其次是攝影,更進階則包括拍攝影片、收錄鳴聲等。本章簡介這些記錄方法,並鼓勵將這些記錄貢獻至公民科學領域。

文字記錄

文字記錄非常簡單,卻是認真的自然觀察者應養成的好習慣。許多觀鳥者、昆蟲觀察者、兩爬觀察者都有這樣的素養,觀鷹人當然也應效法。就個人觀點而言,要記錄什麼內容與個人的興趣有關,並無客觀標準。然而若以科學的角度觀之,一份詳實的記錄表至少應包括下列項目:

日期	時間	地點	海拔高度	座標	種類	數量	性別、成幼

這些項目中,座標與海拔高度是科學上非常有用的數據,但必須藉由手機 App 來獲得,這類提供電子地圖＋點位資訊的 App 相當多,可依喜好自行選用。但須注意,台灣通行的座標系統與格式有好幾種,建議採用全球通用的 WGS84 經緯度系統,格式則建議採用「度」而非「度分秒」。例如台北市北投區中正山觀景台的 WGS84 座標是(E121.515843, N25.157795),格式中的 E 代表東經、N 代表北緯,此座標格式於任何地理資訊相關軟體皆通用。而小數點後取 6 位的精確度,誤差只有幾公分,足敷任何科學應用的要求。

文字記錄的工具非常簡單,只要一本小筆記本、一支筆即可。回家後可將內容輸入電腦試算表如 EXCEL 等,亦可將各種形態細節、行為、習性等一併輸入,供長期留存及進一步運用。

電子記錄——eBird

上段所述的文字記錄＋輸入電腦，是過去很長一段時間自然觀察者的標準記錄方式，但隨著現今網際網路、手機、雲端資料庫等科技的高度發達，上述的傳統方式幾乎可完全由電子科技取代，這就是所謂的「電子記錄」。在觀鳥領域上，由美國康乃爾大學鳥類學研究室所發展的 eBird 已是全球通行的鳥類電子記錄系統。eBird 的概念與操作其實非常簡單，任何一位 eBirder 在觀鳥過程中都可透過手機將傳統方式所需記錄的項目即時輸入並上傳至 eBird 資料庫，而此資料庫不僅可幫每個人長遠留存與分析自己的記錄，更可隨時分享給全世界的 eBirder 及諸多研究機構。簡言之，當你想到野外尋找某種猛禽時，可先搜尋 eBird 來參考近期別人的記錄；當你到了野外發現猛禽並輸入 eBird 後，你的記錄又可供別人參考。

eBird 可做為每個觀鷹人管理記錄的工具，但 eBird 所記錄的只是時、地、物、量等最基本的項目。在這些基本項目以外，每個觀鷹人仍會有其他感興趣或值得記錄的事項，例如：羽色細節、換羽、行為、習性、獵食、棲地、繁殖等，這些屬於深入觀察的部分，仍可用其他工具來記錄，例如 WORDS、EXCEL等，甚至用最傳統的紙筆。換言之，觀鷹人可同時善用數種工具，分別記錄不同的性質的資料，長期累積下來，一定可增進對猛禽的瞭解，也增添許多猛禽觀察的樂趣。

影像記錄

◆不論何種品牌的相機與鏡頭，適合手持拍攝才是理想的猛禽影像記錄器材

◆攝影不僅有助於辨識，亦可記錄行為，圖為遊隼驅趕蛇鵰幼鳥

　　影像記錄包括靜態的照相與動態的影片錄攝，以往這二者是不同的範疇，各有其裝備及技巧。但拜科技發達之賜，現今幾乎所有照相機與手機都具有錄影功能，亦即照相與錄影已合於一機了，不過兩者仍有本質上的差異。照片的像素高，適合呈現猛禽羽色的細節，但難以呈現動作與行為；反之，錄影的像素較低，對細節的表現較差，但能呈現動作與行為。因此，當擬記錄猛禽影像時應思考，是以照相或錄影的方式來進行，才能達到心中預設的目的。

　　對許多觀鷹人而言，既然已非常喜愛猛禽，自然會想添購一套攝影器材來留下猛禽的英姿。要拍到不錯的猛禽照片，相機與鏡頭兩者都需具備一定程度的品質。現今的數位相機技術成熟，雖不便宜但 C/P 值相當高。而鏡頭對照片品質的好壞更具關鍵性，但高品質的長鏡頭遠比相機昂貴，f4 大光圈的長鏡頭（俗稱「大砲」）動輒 20 萬元以上，使用時需耗費許多時間與精力，因此除非真的很有興趣且自認可持續多年，否則筆者不建議觀鷹人貿然投入。其實，絕非昂貴的大砲才能拍到猛禽，只要掌握猛禽的習性及環境，加上耐心與運氣，就有機會等到較近的猛禽，用小砲同樣可拍到好照片。

　　所以，對打算投入猛禽攝影的觀鷹人而言，筆者建議以搭配單眼相機的 f5.6 小光圈長鏡頭做為第一支鏡頭，可為 400mm、100~400mm、150~600mm 等多種選擇。這樣的「小砲」價格比大砲相對低廉多了，在光線良好且猛禽不至於太遠的情況下可攝得品質相當優良的照片，且因重量較輕，具良好的機動性，可手持拍攝，非常適用於各種猛禽

出現的場域。除了單眼相機，亦可考量所謂「類單眼」系統，它們的重量更輕，具有很高的放大倍率，適合不想拿太重裝備的人。

至於錄影，則須特別注意器材的穩定度，尤其手持相機時畫面很容易晃動，須透過練習來改善。但這類錄影畢竟屬業餘性質，對品質的要求無需太高，達到記錄目的才是重點。

現今攝影器材琳瑯滿目，每人可依自己的條件與喜好來選購適當的器材，推薦器材並非本節的目的，如何精進攝影技術、攝得動人的作品更非本文重點。筆者在此要強調的是：攝影是非常好的記錄方法，即使是一張稍微模糊的照片、一段略為晃動的影片，仍可忠實記載當時所見猛禽的實況及伴隨的時間資料，甚至座標，且照片可透露許多當時未及認清的輪廓與羽色細節，經由仔細比對這些照片，可讓自己的辨識能力突飛猛進，更深入認識猛禽。

鳴聲記錄

在台灣，喜愛拍鳥的人非常多，但有興趣於錄鳥音的人卻非常少。究其原因，影像畢竟多采多姿，每張照片各有不同亮點；反之鳴聲相對單調，錄再多次都差不多，多數鳥人覺得上網查詢即可，無需自己錄。這樣的觀點固然沒錯，但其實錄音很具挑戰性，要錄到清晰的鳴聲並不容易，台灣多數猛禽的鳴聲記錄仍很匱乏，是很值得觀鷹人投入的領域。

就器材而言，雖然現今的手機都有錄音功能，用來錄很近的鳥鳴是可行的，但是要錄猛禽的鳴聲效果會很差，因為猛禽的距離遠，手機一定會錄到很多四周的環境聲與風聲，以致錄得的聲音檔雜音甚大，主音卻聽不清。如同拍鳥需專業的器材，錄鳥音也需專業的器材。雖說專業，其實很簡單且價格不算貴，只需 5 樣器材：數位錄音機、指向性麥克風、避震器、音訊線、

◆錄鳥音的器材與操作都很簡單

◆很親人的黑鳶可透過公民科學家來調查其現況

風罩。其中指向性麥克風是關鍵器材，它可放大所指方向的聲音，濾掉其他方向的聲音。風罩則用來消除風聲，是野外錄音不可或缺的配件。

有了器材，在野外聽見猛禽鳴叫時就可開始錄音，但要先儘快避開身旁雜音很大的來源，包括人聲、車聲、水聲、風聲、電流聲（來自電線），也要提醒身旁的夥伴暫時不要和你講話。

雖然多數觀鷹人並非科學家或專業錄音師，對於錄音也僅是基於興趣來收集這些較另類的記錄，因此無須用太高的標準來苛求錄音品質。然而，儘管只是基於興趣，一旦錄到愈來愈多鳴聲後，心中很可能會漸漸產生一些好奇心與疑問，例如：猛禽的雌雄鳥鳴聲相同嗎？成幼鳥鳴聲相同嗎？同一種猛禽一年當中有哪些季節或時機較愛鳴叫？一天之中呢？同一種猛禽有幾種不同的鳴聲？各有什麼意義？其實上述問題看似簡單，但即使科學家也不盡然能給出清楚的答案，因為鳴聲的研究相對於形態一直是較少人做的，因此觀鷹人若能多做鳴聲的記錄，不僅可增進自己對猛禽的瞭解，也可協助探索並解答許多未知的問題。

讓記錄貢獻於公民科學

不論上述何種形式的記錄，除了可供自己參考，更可透過網路與大眾分享討論，進而增進彼此對猛禽的認識。昔日的科學研究只能由少數科學家領導小團隊在很有限的場域進行。而今透過網路共享，許多科學研究可得到全國甚至全世界有興趣人士的參與，他們主動提供數據或記錄，使得科學家可無遠弗屆地得到龐大數據，用更少的成本達到更大的科學及保育成果，而貢獻資料並共享成果的廣大參與者就成了「公民科學家」。

上述的 eBird 就是觀鳥人貢獻於鳥類公民科學的最顯著例子，eBird 不僅收錄觀鳥記錄，也收錄照片、影片、鳥音。此外，鳥音檔亦可貢獻給 xeno-canto、Macaulay Library 等鳥音資料庫網站。此外，國內有不少鳥類相關的臉書社團，提供觀鳥人分享各式記錄的平台，也都可視為公民科學的範疇。

台 灣 猛

禽 圖 鑑

森林的猛禽
Raptors in Forest

　　森林是台灣野生動物最豐饒也最重要的棲息環境，對猛禽也不例外，台灣的森林絕大部分位於山地，僅少數零星散布於平原或海岸線上，而都市內多樹的大型公園也可視為孤立的微型森林。台灣多數的留鳥猛禽屬森林性猛禽，自最偏遠的原始森林至開墾嚴重的市郊丘陵及都會公園都有分布。森林的生態性質相對穩定，生於其間的猛禽族群數量較穩定、分布較平均、終年可見，也包含少數種類的候鳥猛禽。台灣的猛禽中可歸類為森林性的共有7屬，大致依體型大小順序簡介如下：

林鵰屬 *Ictinaetus* Blyth, 1843

屬名源自希臘文*ictin*=kite=鳶、*aetos*=eagle=鵰，意為「似鳶的鵰」。本屬為似鵰屬但較纖瘦的大型猛禽，為單種屬，全世界僅1種，分布於熱帶亞洲。棲息於森林。翼寬長，指叉甚長，尾亦長。飛行時翼與尾面積很大，身軀相對瘦小。某些特色似鳶屬，例如體輕善飄。嘴喙短，上嘴喙深鉤，鼻孔橢圓形。毛足，爪長但彎度小，外趾爪非常短。

蛇鵰屬 *Spilornis* Gray, 1840

屬名源自希臘文*spil*=spot=斑點、*ornis*=bird=鳥，意為「有斑點的鳥」。本屬為中至大型猛禽，全世界共6種，分布於熱帶亞洲，包括許多島嶼。棲息於森林及林緣。翼寬圓，尾中等至短。羽色以褐色為主，腹面多斑點，具明顯的寬冠羽。眼先裸皮鮮豔，鼻孔橢圓形。裸足，腿長而強健。台灣僅1種。

亞洲鷹鵰屬 *Nisaetus* Hodgson, 1836

屬名源自希臘文*nisus*=Eurasian Sparrowhawk=北雀鷹、*aetos*=eagle=鵰，意為「似鷹的鵰」。本屬為中至大型猛禽，全世界共10種，分布於熱帶亞洲。棲息於森林。翼寬短，尾長。身軀強健，腹面多斑紋，多數有明顯長冠羽。嘴喙短，上嘴喙深鉤，有齒突，鼻孔圓形。毛足，趾與爪長而強健，後爪及內爪最大。台灣僅1種。

蜂鷹屬　*Pernis*　Cuvier, 1816

屬名源自希臘文 *pernes*，意為「亞里斯多德曾提及的某種鷹」。本屬為大型猛禽，全世界共 4 種，廣布於歐亞非三洲。棲息於森林。體型中庸似鵟屬，但尾略長，熱帶的種類有羽冠。腹面羽色有多色型現象。眼先覆鱗狀羽，嘴喙長而弱，僅稍彎，鼻孔為狹長形。裸足，爪纖細，僅稍彎。台灣僅 1 種。

鷹屬　*Accipiter*　Brisson, 1760

屬名源自拉丁文 *accipiter*=hawk，意為「鷹」。本屬是猛禽中種數最多的屬，全世界共 47 種，皆為小至中型猛禽，散布於全球各大洲。多為森林性猛禽，有些種類可在密林深處覓食，有些則偏好疏林或林緣。翼寬短，尾長，身軀修長，雌鳥體型明顯大於雄鳥。在羽色方面，背部大多為褐色或灰色，腹面淡色常有斑紋，尾部有橫帶。嘴喙短，上嘴喙齒突銳利發達，鼻孔圓形。裸足，腿、趾及爪皆細長，食鳥的種類中趾特長。台灣有 6 種。

鵟鷹屬　*Butastur*　Hodgson, 1843

屬名源自拉丁文 *buteo*=buzzard=鵟、*astur*=hawk=鷹，意為「似鵟的鷹」。本屬為中型猛禽，全世界共 4 種，分布於亞洲及非洲。棲息在森林但在林緣及草地上覓食。翼長而略尖，尾中等長。雌雄體型近似。羽色略似鷹屬，但背部較偏紅褐色。兼具鵟屬與鷹屬的若干形態特徵，故名之。嘴喙小，有齒突，鼻孔橢圓形。裸足，趾短而弱小。台灣僅 1 種。

鵑隼屬　*Aviceda*　Swainson, 1836

屬名源自拉丁文 *avis*=bird=鳥、*caedere*=kill=殺戮，意為「殺戮的鳥」。本屬為小至中型猛禽，全世界共 5 種，分布於澳洲、亞洲及非洲的熱帶地區。棲息於森林或林緣。翼寬圓，羽色以黑或灰為主，有明顯的長冠羽，腹部有橫紋，形態略似杜鵑科，故名之。嘴喙小，上嘴喙有雙齒突，蠟膜狹小，鼻孔狹長形，有瓣膜遮蓋。腿短而強健，跗蹠上半部分被羽。台灣僅 1 種。

林鵰

Ictinaetus malaiensis (Temminck, 1822)

種名源自拉丁文 *malay*=Malay=馬來、*ensis*=belonging to=屬於，意為「屬於馬來的」。學名全意為「屬於馬來地區似鳶的鵰」

英名：Black Eagle
其他中名：黑毛腳鷹（台俗）
狀態：留鳥

林鵰的指叉非常明顯

林文宏／攝

1	2	3	4	5	6	7	8	9	10	11	12

觀察時機

在林相良好的棲地終年可見，因具卓越的飄浮能力，即使在陰天、小雨、起霧等不佳的天氣仍可飛行，是台灣森林性猛禽中滯空時間最長的，大致在下午3時以前都有頗高機會見到。11~2月間為求偶期，尤為活躍。夏季最不活躍，不易尋獲。

林鵰與熊鷹是台灣兩種居於原始森林的大型猛禽，往年兩者都甚稀有，堪稱「絕代雙鵰」。觀鷹人若能得見，總會興奮許久，彷彿見證了台灣原始山林的生命力。兩者之中，林鵰比熊鷹不畏人，即使近距離乍遇人類，仍可從容不迫在人們頭頂低盤，極為淡定，顯露出王者風範。近年林鵰日益適應墾殖過的破碎化森林，經常出現在淺山，甚至會到檳榔園獵食，其族群從稀有到逐漸興旺，令人欣慰。

辨識林鵰相當容易，因台灣山林間並無相似的猛禽，唯一可能混淆的花鵰並不喜歡山地森林，因此無錯認的問題。然而即使既大又好認，卻不見得好找，因為牠習於貼著森林樹冠層低飛覓食，常隱身於蓊鬱的森林背景之中，因此觀鷹人必須改變習慣，不僅要搜索稜線以上的天空，更需仔細搜索稜線以下的森林背景，才易尋獲。

林鵰的飛行極具特色，具有多種變化。當覓食時緩慢優雅地巡弋於樹冠層低空，經常會穿梭於大樹之間的間隙，像幻術般時而消失、時而再現。當牠想變換山頭覓食時，會爬升至較高的高度後直線滑翔，顯露出相當驚人的加速能力。牠還有十分獨特壯觀的波浪狀展示飛行，終年可見，但以春季最常見，可連續起伏數十下，具有求偶及宣示領域的意義。

林鵰的個性鮮明，配對者可能終年成對生活，共同守護領域，但單身者（通常是未成鳥）具有很強的「漂鳥」性格，會遊蕩至很遠的範圍。林鵰甚少與其他猛禽共飛，僅有時主動逼近入侵的熊鷹予以驅離。

林鵰平時很少鳴叫，僅繁殖期較常鳴叫，鳴聲為連續數聲的短促「伊又‧伊又‧伊又」。

原始林	次生林	河湖水域	草澤溼地	草原荒地	裸岩懸崖	城鎮

何處尋覓

分布於海拔 300~2500 公尺的山地森林，原本以大面積成熟天然林為主要棲地，近年日益適應淺山墾殖地，尤其常到檳榔園覓食，也愈來愈不畏接近人為環境，甚至可出現在很接近城鎮與都市的淺山。觀鷹人可搜尋接近稜線的天然林，或是檳榔園的低空。

林鵰

Ictinaetus malaiensis

外趾、外爪退化為很小（本圖為左腳）

停棲形態

● 成鳥雌雄同型，但有細微差異。<u>全身深褐色</u>。眼暗褐色，眼先灰色，蠟膜鮮黃色，嘴灰黑色。飛羽有多道不明顯的淡色橫紋，隨著年齡變窄，使得下翼面更黑。尾羽黑褐色，約有 7~8 道不明顯的淡色橫紋，雄鳥比雌鳥寬而明顯。尾上覆羽皮黃色。<u>毛足</u>，腳黃色。翼甚長，翼尖超過尾端。

● 幼鳥羽色已近似成鳥，僅飛羽上的淡色橫紋較寬，黑白對比較明顯，使得下翼面比成鳥稍淡。尾羽的淡色橫紋有 9 道以上，末端黑帶內有 1 道淡細橫紋。第3 曆年達成鳥羽色。

80

L: 67~81cm　WS: 164~178cm

大

展長比：2.6　　　尾翼比：0.37

林鵰屬 *Ictinaetus*

飛行辨識

- 翼寬長平直，呈長方形，但基部較窄，翼端較寬，<u>指叉 7 枚甚長</u>。直線滑翔時，指叉後掠，翼形呈梯形。尾略長，角尾。
- 全身深色近乎黑色，除鮮黃的蠟膜與雙腳外，無明顯斑紋。初級飛羽基部有一淡色區。雙翼前緣基部常有 1 塊白斑，但並非每隻都有。尾上覆羽淡皮黃色，形成擬「白腰」，但實非白色。
- 盤旋時雙翼水平，但<u>指叉明顯上翹</u>，是遠距離辨識的要訣。

相似種辨異

- 花鵰的翼端輪廓較圓，尾甚短且為扇形。尾上覆羽為大塊「白腰」。飛行時翼端略下垂。
- 深色型東方蜂鷹體型較小。翼較窄，指叉較短，飛行時無明顯上翹。

81

蛇鵰 | *Spilornis cheela* (Latham, 1790)

種名源自北印度語*cheel*，意為「某種鷹」。
學名全意為「北印度稱為cheel的蛇鵰」

英名：Crested Serpent-Eagle
其他中名：大冠鷲、蛇鷹（台俗）
狀態：留鳥

蛇鵰常停棲在明顯的枝頭

林文宏／攝

1	2	3	4	5	6	7	8	9	10	11	12

觀察時機

終年可見，尤其 2~5 月間為求偶與繁殖前期最為活躍，幾乎終日可見其飛行與鳴叫；但 6~8 月為繁殖後期及換羽期，行為變得隱密，罕見飛行。喜利用熱氣流升空盤旋，因此在暖和天氣的上午 9~12 時最易見其飛行。陰雨、寒冷、強風的天氣皆不喜升空，但此時常停棲於明顯的枝頭或電線桿，觀鷹人可嘗試威力搜索。

本種在台灣習稱「大冠鷲」，係指有明顯冠羽。但因嗜食蛇，原本就有「蛇鵰」或「蛇鷹」的稱呼。本書改採「蛇鵰」，可免與鷲類混淆。

若要推薦一種猛禽給初入門者練習觀察與辨識，這種猛禽最好是很普遍，都市近郊就可見；體型大，容易尋獲；有明顯特徵，易於辨識；飛行緩慢，易於觀察；個性大方，不甚畏人。具有這麼多的「美德」的猛禽存在嗎？答案是肯定的，且非蛇鵰莫屬，說牠是最「親人」的鷹，一點兒也不為過。

或許正因太普遍了，蛇鵰常不受觀鷹人重視。其實好好認識蛇鵰不僅是觀鷹的基礎，也是邁入進階的踏腳石。一旦能自各種角度與距離明確認出蛇鵰，則其他不少難認的大型猛禽都可藉由與蛇鵰明顯相異之處而成功鑑別。

飛行時蛇鵰會將雙翼上揚，形成 ⌣ 形或 V 形，是最重要的飛行特徵，且可自遠距離看出。蛇鵰還有一項其他猛禽罕有的辨識特徵——非常好鳴，其響亮悠揚的「揮‧揮‧揮‧揮有一揮有一」聲是牠最佳的身分證明，遠距離的蛇鵰亦可憑此鳴聲而確認。

在飛行氣質上，蛇鵰是穩重型的代表，不僅飛行平穩緩慢，連鼓翼都不疾不徐。同時因個性溫和，領域性不強，經常三五成群共同盤旋。

雖然成鳥非常易認，但未成鳥卻變化多端，不僅有多種羽色歧異，且因飛羽與尾羽較成鳥略長，尾常全張成扇形，使得輪廓亦有別於成鳥，甚至於連飛行氣質都較為活潑，常有翻轉、俯衝等行為，易被誤認為他種，尤其淡色型幼鳥早年常被誤認為熊鷹，需特別注意。一項好用的特徵是其明顯的黃臉（實為眼先及蠟膜），可藉以與其他森林性大型猛禽區別。

原始林	次生林	河湖水域	草澤溼地	草原荒地	裸岩懸崖	城鎮

何處尋覓

分布於海拔 0~2000 公尺的山地，更高海拔僅偶見。以 500 公尺以下的丘陵與淺山地帶最易見，偏好被人類開墾過但人口密度不高的森林間隙地帶，包括果園、墓園、山區道路兩旁、溪谷、裸地周遭等，茂密的原始森林反而不多。對於人類環境及活動非常適應，經常出現於聚落旁，例如繁華的台北盆地只要接近丘陵處皆可見。

蛇鵰（大冠鷲）

Spilornis cheela

成鳥

淡色型幼鳥

停棲形態

● 成鳥雌雄同型。全身以深褐色為主，頭頂至後枕具黑白相間的冠羽。眼黃色，眼先及蠟膜鮮黃色，嘴鉛灰色。背面深褐色，僅小覆羽有白色細圓斑。腹面棕褐色，胸側、腹部及脛羽皆密布白色細圓斑。尾羽褐色，有 1 道白色橫帶。裸足，足黃色。翼中等長，翼尖達尾羽約 3/4 處。

● 幼鳥有 2 種色型。淡色型：頭部色淡，具寬黑的眼後線、或整個臉頰為黑色；腹面為米白色或皮黃色，胸部有深色縱紋。尾羽有黑白相間的橫帶各 2~3 道。深色型：似成鳥，頭部及腹面皆為深褐色，但尾羽同淡色型幼鳥。亞成鳥則有介於幼鳥與成鳥的摻雜羽色。第 3 曆年達成鳥羽色。

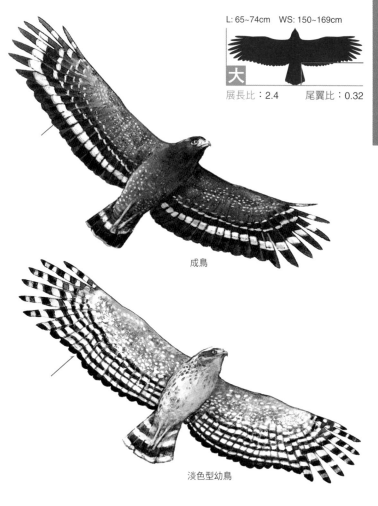

L: 65~74cm　　WS: 150~169cm

大

展長比：2.4　　　　尾翼比：0.32

蛇鵰屬 *Spilornis*

成鳥

淡色型幼鳥

飛行辨識

- 頭粗短。翼寬長，指叉 7 枚中等長。尾短。
- 成鳥全身深褐色，下翼面有 1 道明顯的白色橫帶，尾亦有 1 道白色橫帶。未成鳥腹面有淡色與深色兩種色型，下翼面白色寬橫帶不明顯，但有多道細橫帶，形成網格狀，次級飛羽末端有深色鑲邊。尾羽有 2~3 道寬橫帶。
- 盤旋時雙翼明顯上揚，呈半圓形或 V 形。

相似種辨異

- 熊鷹的翼較寬短，有翼窗。眼先為灰色。尾較長，橫帶較多道。毛足。
- 東方蜂鷹體型較小。頭細長。翼較窄，尾較長。飛行時雙翼水平，不上揚。

85

熊鷹 | *Nisaetus nipalensis* (Hodgson, 1836)

種名源自拉丁文*nipal*=Nepal=尼泊爾、*ensis*=belonging to=屬於，意為「屬於尼泊爾的」。學名全意為「屬於尼泊爾的鷹鵰」

英名：Mountain Hawk-Eagle
其他中名：赫氏角鷹、鷹鵰（中）、白毛腳鷹（台俗）、
　　　　　adisi（魯凱族）
狀態：留鳥

在淺山遊蕩的熊鷹幼鳥　　　　　　　　　　　　　　　　　林文宏／攝

1	2	3	4	5	6	7	8	9	10	11	12

觀察時機

終年可見，但因平時不常升空飛行，並不易見。冬季（11~2月）為求偶期，在溼冷過後的晴天最為活躍，易見其飛行。

　　台灣偏遠的深山中棲息著一種雄壯又美麗的大鵰，是南台灣原住民族自古以來所崇敬的聖鳥，牠就是台灣最稀有的留鳥猛禽——熊鷹。

　　「熊鷹」之名源自日語，意指「雄壯的鷹」；另一名稱「赫氏角鷹」譯自英文，則是指牠後頭長有冠羽，豎起似角。而中國大陸所用的「鷹鵰」源自學名與英名，指牠翼短尾長，是隻「似鷹的鵰」。台灣山地獵戶則稱牠「白色的毛腳鷹」，或簡稱「白鷹」，指其幼鳥腹面甚白。這些不同的名稱恰好描述了本種的各項特徵。

　　原本大家所知的台灣熊鷹冠羽並不長，但近年的調查卻發現還有一種中央冠羽特別長的「長冠型」熊鷹，比例僅占十之一、二。其實原住民早已知悉其存在，尊稱為「鷹王」，這可說是觀鷹人心目中留鳥猛禽的「終極鷹種」。

　　熊鷹的辨識並不困難，飛行時翼寬尾大，與其他大鷹的輪廓相當不同。反之，早期觀鳥人常將淡色型蛇鵰未成鳥與淡色型東方蜂鷹誤認為熊鷹，除了同為淡色，這兩種鷹的部分個體翼形較寬，確實略似熊鷹，需小心分辨。

　　熊鷹即使在適當的森林仍很不容易見到，因為牠的個性相當慵懶不愛飛，一天中只有少數幾次升空盤旋，其餘時間在大樹上停棲甚久，因此尋覓熊鷹有兩個要點：一是耐心等候，靜待牠現身於空中；二是威力搜索，仔細搜尋視野內的大樹。

　　熊鷹通常單獨飛行，氣質穩重，但求偶期常可見 2、3 隻共飛，也常見同種間的爭鬥與驅趕。此外，與林鵰之間也常有互相驅趕的行為。

　　熊鷹滿常鳴叫，但並不響亮，距離遠時不容易聽到，典型鳴聲為略似小雞的「歸哩・歸」，二音節重複數次。

| 原始林 | 次生林 | 河湖水域 | 草澤溼地 | 草原荒地 | 裸岩懸崖 | 城鎮 |

何處尋覓

分布於海拔 300~2500 公尺的山地森林，偏好大面積的天然林，對於人類非常敏感，會避開人類開發與活動的環境。在東部可分布至低海拔，其他地區通常在中高海拔且僅零星分布。喜停棲於視野良好的大樹枝頭。

熊鷹
Nisaetus nipalensis

短冠型成鳥

長冠型幼鳥

停棲形態

● 成鳥雌雄同型。頭後枕具冠羽，依長度可分為 2 型。短冠型：<u>冠羽很短，豎起形如山峰</u>。長冠型：中央 2~3 枚冠羽特長，為黑色末端白色，豎起如犄角。臉深色，眼黃色，眼先灰色，蠟膜灰色，嘴鉛黑色。背面褐色，覆羽偶有不規則白斑。腹面皮黃色，具黑色喉央線，喉側及胸側有若干深褐色縱斑，腹部及腿羽密布深淺交錯的橫斑。尾羽具 6 道深色橫帶，末端帶較粗。<u>毛足</u>，腳黃色。翼短尾長，翼尖僅達尾羽約 1/3 處。

● 幼鳥頭部、腹面及腿部皆為<u>淡皮黃色或淡赤褐色</u>，無斑紋，僅臉後及頸側常有若干褐色斑。背面褐色，覆羽的羽緣形成淡色斑塊。尾羽約有 10 道窄橫帶，但深淺對比不若成鳥明顯。自第 2 齡起頭、腹面、腿部的斑紋漸多漸深，尾部的橫帶減少至 6 道，且深淺對比明顯。可能在第 4 曆年達成鳥羽色。

L: 63~80cm　WS:140~165cm

大

展長比：2.2　　尾翼比：0.41

成鳥

幼鳥

飛行辨識

- 頭粗短。翼極寬短，後緣圓突明顯，指叉 7 枚短而不突顯。尾甚長，常打開成扇形，全張時基部遮住部分雙翼後緣。整體輪廓短圓，似巨大的鳳頭蒼鷹。

- 遠距離仍可見腹面主要為淡色。成鳥飛羽與尾羽皆有多道明顯橫帶，形成網格狀；幼鳥的腹面更白，翼與尾的條紋較不清晰。初級飛羽基部的白色翼窗在陽光下甚明顯。

- 盤旋時雙翼上揚，在腕部有一折角。求偶期會作波浪狀飛行，但起伏次數不多。

相似種辨異

- 蛇鵰的翼較窄，後緣僅輕微圓突。尾較小，尾部僅 2~3 道深色橫帶（含未成鳥）。眼先與蠟膜為鮮黃色。裸足。
- 東方蜂鷹體型較小。頭細長。翼較窄，後緣平直，不上揚。裸足。
- 鵟屬的輪廓與腹面羽色雖略似本種幼鳥，但有腕斑。尾較短。

89

東方蜂鷹

Pernis ptilorhynchus
(Temminck, 1821)

種名源自希臘文 *ptilon*=feather=羽毛、*rhynkhos*=bill=嘴喙，意為「嘴喙有羽毛」。學名全意為「嘴喙基部有羽毛的鷹」

英名：Oriental Honey-buzzard
其他中名：蜂鷹、鳳頭蜂鷹（中）、鵰頭鷹
狀態：留鳥

東方蜂鷹深色型雌成鳥　　　　　　　　　　　　　　　　　林文宏／攝

1	2	3	4	5	6	7	8	9	10	11	12

觀察時機

雖為留鳥，但因具島內遷移性，並非各地都終年可見。大致上 4~9 月間居於中北部，南部幾乎未見；10~3 月間多數遷移至南部，但中北部仍有少數個體。而 3~4 月及 9~10 月為遷移期，各地都有很高的機率見到過境個體。5 月份新北觀音山與北海岸偶爾可見 10 隻以上共飛的「蜂鷹球」，成因不明。夏季非常活躍愛飛，是北台灣夏季可見率最高的猛禽。

　　在台灣的所有猛禽中，若要找一種羽色最為「複雜」的猛禽，東方蜂鷹絕對是首選，牠是台灣猛禽中唯一具有超過 2 種色型的多色型鷹種，不僅有淡色型、有深色型、還有居間的多種變化，且與性別成幼都無關，例如一窩蜂鷹的雙親可以是不同色型，而繁殖的 2 隻幼鳥也可能是2 種不同色型。這樣多變的羽色使得東方蜂鷹有可能被誤認為是東方鵟、蛇鵰、熊鷹、林鵰、魚鷹等，冤獄名單之長，令人瞠目結舌。

　　「神祕」則是東方蜂鷹的另一特色，牠的居留狀態曾經呈現多種樣況，早期人們認為牠主要是北方來的過境鳥與冬候鳥，但夏季牠卻又頻頻出現在各地山區，令人迷惑。經過學者與觀鳥者多年的觀察研究，終於確認台灣所見的東方蜂鷹其實都是留鳥，但會隨著季節在島內進行規律或不規律的短程遷移，造成彷彿候鳥或過境鳥的假象。這個現象在全世界的東方蜂鷹裡都屬罕見，學者懷疑牠們早年的確是候鳥，後來才定居台灣成為留鳥，且移入的年代並不久遠。

　　同為森林性猛禽，東方蜂鷹有一些頗為獨特的習性。例如在酷熱的夏季，幾乎所有猛禽都罕見飛行，但東方蜂鷹卻仍頻頻升空。多數猛禽到了下午就不愛飛了，東方蜂鷹下午反而更活躍，常有 4、5 隻匯集成小群共飛的現象。

　　在飛行氣質上，東方蜂鷹雖然也像其他猛禽經常盤旋，但更常直線滑翔一段頗長的距離，鼓翼時深而緩慢。繁殖期雄鳥經常有高舉雙翼「鼓掌」的獨特展示飛行，可做為遠距離辨識的行為特徵。

　　夏季繁殖期間頗常鳴叫，鳴聲為「灰有～」，尾音下降，重複數次。

原始林	次生林	河湖水域	草澤溼地	草原荒地	裸岩懸崖	城鎮

何處尋覓

具島內遷移性，夏半年居於中北部，冬半年多數遷移至南部。棲息於森林，分布海拔非常廣，300~2500 公尺的山地皆可見，但以低海拔山地最易見。各類森林都可見，包括墾殖地。因嗜食蜂蛹，經常出現在養蜂場的周遭。

東方蜂鷹
Pernis ptilorhynchus

淡色型♂成鳥

淡色型♀成鳥

停棲形態

●成鳥雌雄近似。頭小，頸長，嘴黑而尖細，蠟膜鉛灰色，眼先密布細鱗狀硬羽，無眉突，後頸有短冠羽，不豎起時不顯，頭部形似鳩鴿或杜鵑。雄鳥眼暗褐色，臉部鼠灰色；雌鳥眼黃色，臉部褐色或淡色，具深色眼後線。羽色複雜多變，有多種色型，色型是以身軀腹面及翼下覆羽（飛行時才可見）的主要羽色來定義，大致可歸為 3 型：

淡色型：頭頂褐色或淡色。背面褐色。腹面白色或淡皮黃色。頸部由不規則的黑色粗縱紋環繞，形成頸圈，有些個體頸圈不完整，僅於頸兩側可見。喉白，有些個體有喉央線。有些個體胸部有細縱斑、腹部及脛羽有橫斑。尾上覆羽通常為白色。

深色型：全身大致為深褐色，後枕、前胸常雜有不規則的白色羽毛，下腹部及脛羽或多或少有白色橫斑。

深色型♂成鳥

中間型幼鳥

停棲形態

中間型：介於淡色型與深色型之間者皆屬之，頭頸的羽色如淡色型，但腹面為較深的皮黃色、棕色或橙色，胸腹部若有濃密的斑紋亦歸於此型。

不論何種色型，尾部特徵皆相同，雄鳥於末端及接近基部處各有 1 道深色粗橫帶，中間夾 1 道淡色粗橫帶，深淺對比最明顯。雌鳥尾淡褐色，於末端亦有 1 道深色橫帶，但接近基部處有 2~3 道深色橫帶，這幾道橫帶較雄鳥窄，且深淺對比較不明顯。裸足，足黃色，爪纖細。翼尖接近尾端。

● 幼鳥眼暗褐色，蠟膜黃色，隨成長逐漸變黑。除了深色型，其餘色型幼鳥的腹面通常有斑紋，但紋路無固定規律。尾部有 3~5 道深色細橫帶，間隔愈接近基部愈小，深淺對比最不明顯。可能在第 2 曆年達成鳥羽色。

東方蜂鷹
Pernis ptilorhynchus

淡色型♂成鳥

淡色型♀成鳥

飛行辨識

- 輪廓中庸。翼及尾皆中等長。但頭小、頸長、嘴細長，頭略上抬，形似鳩鴿。翼前後緣皆頗平直，但幼鳥翼較寬，且翼後緣圓突較明顯，指叉 6 枚中等長。尾部合攏時常呈現中間內凹。尾常略張，與身軀至嘴尖的輪廓可連成狹長的三角鏢形。

- 因腹面有多種色型，變化複雜，不宜以此區域做為鑑種的特徵，宜以尾部的約等距橫帶做為本種特徵。<u>雄成鳥尾帶寬、深淺對比最明顯，翼後緣鑲 1 道明顯黑邊；雌成鳥尾帶略窄，深淺對比稍不明顯，翼後緣無黑邊。</u>成鳥不論雌雄翼端均無黑色。幼鳥尾帶窄且深淺對比最不明顯，有明顯的黑色翼端。淡色型幼鳥的尾上覆羽通常為白色，背視可見明顯白腰，易被誤認為其他猛禽。

- 雙翼水平，鼓翼深而柔緩。直線滑翔時雙翼微弓。繁殖期時，雄鳥有向上爬升後雙翼上舉、抖動 5、6 下的特有「鼓掌」展示飛行。

94

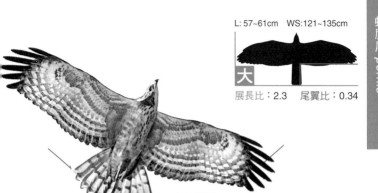

L: 57~61cm　WS:121~135cm

大

展長比：2.3　　尾翼比：0.34

中間型幼鳥

深色型幼鳥

淡色型♂成鳥（展示飛行）

相似種辨異

●東方鵟體型近似，但頭較粗短，身軀短胖，翼與尾的輪廓皆較寬短。飛行時雙翼上揚。

●蛇鵰與深色型雄鳥略似，但體型較大，翼較寬長，飛行時雙翼上揚。

●熊鷹與淡色型或中間型略似，但體型較大，頭較粗短，翼較寬且後緣圓突明顯，尾較大，飛行時雙翼上揚。

●林鵰與深色型略似，但體型較大，翼較寬長，指叉較長，飛行時指叉上翹。

●魚鷹與淡色型略似，但體型較大，翼較窄長，尾較短。

蒼鷹 *Accipiter gentilis* (Linnaeus, 1758)

種名源自拉丁文 *gentilis*=noble，意為「高貴的」。
學名全意為「高貴的鷹」

英名：Northern Goshawk
其他中名：黃鷹、大鷹（日）
狀態：冬候鳥

春過境期出現於觀音山的蒼鷹幼鳥   林文宏／攝

1	2	3	4	5	6	7	8	9	10	11	12

觀察時機

雖為冬候鳥，但以 3~5 月間北返的遷移期間最佳，可於北海岸尤其是新北觀音山守候，在溫和的天氣常於 10~13 時之間出現於空中。冬季平原上偶有記錄，但以中海拔山區記錄稍多，晴天較有可能出現。

鷹屬是猛禽中種數最多的一屬,目前已知有 47 種,所有成員幾乎都是小型猛禽,蒼鷹可說是其中最為獨特的一員,牠是鷹屬中體型最大者,雌鳥已達大型,翼展是許多同屬成員的 2 倍長,日人稱其「大鷹」,正是此意。此外,蒼鷹廣布於整個北半球的溫帶地區,是鷹屬中唯一分布跨越新舊兩大陸者,自古以來就是世界性的名禽,更是許多馴鷹民族眼中的極品獵鷹,既能在森林中追擊飛鳥、也能在草原上搏殺野兔,不僅獵技全面,且勇於搏殺體型甚大的獵物。

蒼鷹相當適應溫帶地區較為寒冷的氣候,多數的蒼鷹在秋冬僅需南遷一小段距離,僅有少數會遷移至遙遠的南方。因此在熱帶的南國記錄一向很稀少。台灣也是如此,雖然有歷史記錄,但在 1980 年代賞鳥活動勃興多年後仍鮮有得見者,直到 1991 年觀音山遷移猛禽調查的開啟,才發現每年春季都有數十隻蒼鷹途經觀音山北返。由此推斷,蒼鷹在台灣應是稀有但規律的冬候鳥。雖然平原上偶有記錄,但主要是在中海拔山區度冬,因人煙稀少而罕被記錄。

蒼鷹的辨識並不困難,牠的名稱是指成鳥蒼灰色的背部,但在台灣常見到背面褐色的幼鳥,此時幼鳥腹面獨有的縱紋反而是更清楚的特徵。除了利用羽色與輪廓來辨識外,飛行氣質也是很有用的線索,牠的飛行穩重,盤旋速度比其他鷹屬緩慢,滑翔時常鼓翼,鼓翼快而有力。

蒼鷹是相當孤傲的猛禽,不論度冬或遷移皆單獨行動,且不受灰面鵟鷹、赤腹鷹等主流鷹群的影響,兀自孤飛。性情凶猛,在空中會主動衝擊挑釁比牠大的猛禽。

原始林	次生林	河湖水域	草澤溼地	草原荒地	裸岩懸崖	城鎮

何處尋覓

度冬時偏好疏林與林緣。平原也是選項之一,如東北角的田寮洋、嘉義鰲鼓等地,但主要是在 1000~2500 公尺的中高海拔森林,可能因森林型態較類似北方。常於林緣明顯的枝頭停棲甚久。觀鷹人可嘗試在武陵農場、福壽山農場、太平山等山地農場碰運氣。春季 3~5 月遷移期間於新北觀音山不難發現北返的個體,有些會短暫滯留,一天之內來回出現多次,是觀察本種最佳時地。

蒼鷹
Accipiter gentilis

成鳥

幼鳥

停棲形態

● 成鳥雌雄近似。臉灰黑色，有明顯<u>白色眉線</u>，眼黃色，老成轉為橙色；蠟膜黃綠色，嘴鉛灰色。背面深灰、藍灰或灰褐色。腹面白色，喉部有黑色細縱紋，<u>頸部以下密布甚細的灰褐色橫紋</u>。尾羽褐色、或深灰色，約有 4 道深色橫帶，尾下覆羽白而蓬鬆。裸足，腳黃色。尾長，翼尖僅達尾的 1/2 處。雌鳥體型較大，背部通常較褐，臉部常雜有白斑，腹面的橫紋較粗。

● 幼鳥臉褐色，由許多細密縱紋組成。眉線米黃色，不若成鳥明顯。眼黃綠色。背面褐色、雜有許多白斑。<u>腹面淡皮黃色，密布黑褐色水滴狀縱斑</u>，脛羽上的縱斑細長。第 3 曆年達成鳥羽色。

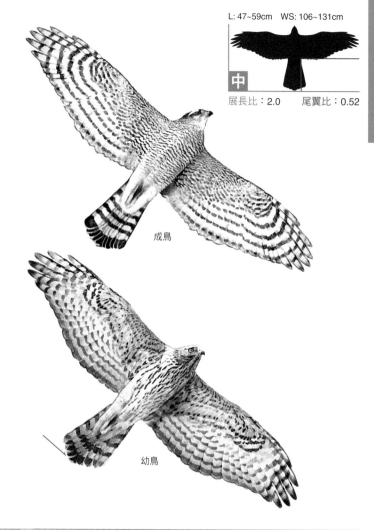

L: 47~59cm   WS: 106~131cm

中

展長比：2.0   尾翼比：0.52

成鳥

幼鳥

飛行辨識

● 身軀粗壯，頸稍長，頭略上抬，胸突出，似「鴿胸」狀。翼比其他鷹屬寬長，指叉 6 枚形成指突。尾長，圓尾，通常微張，中央尾羽略突出（幼鳥更突出，略呈楔形），打開呈圓弧很大的扇形，可感覺其尾部面積大於其他鷹屬。

● 成鳥腹面甚白，即使是未成鳥腹面亦淡，遠距離仍明顯可見。

● 盤旋時雙翼略上揚，呈淺 V 形。常間歇鼓翼，鼓翼快而有力。

相似種辨異

● 鳳頭蒼鷹體型較小，翼較短圓，指叉較不明顯，尾收攏時較細，無楔尾。腹面整體羽色較深，有喉央線。飛行時雙翼水平，有抖翼行為。

● 北雀鷹體型較小且較修長，翼較短，尾較細長，尾端為方尾而非圓尾。無「鴿胸」。無論成幼腹面皆無縱紋。飛行鼓翼動作較快。

北雀鷹

Accipiter nisus (Linnaeus, 1758)

種名源自希臘文*Nisus*，意為「希臘神話中一位國王之名，他變成一隻鷹」。學名全意為「希臘神話中一位國王所變成的鷹」

英名：Eurasian Sparrowhawk
其他中名：雀鷹（中）
狀態：冬候鳥

春過境期出現於觀音山的北雀鷹　　　　　　　　　　　林文宏／攝

1	2	3	4	5	6	7	8	9	10	11	12

觀察時機

不普遍的冬候鳥，每年僅少數地點有記錄。但春秋季遷移期有較高的機率出現在主要的猛禽過境點，春季為 3~5 月間、秋季為 9~10 月，其中春季的記錄遠多於秋季，是觀察的最佳時機。

　　北雀鷹廣布於歐亞大陸溫帶地區，與蒼鷹在舊大陸的分布重疊，自古以來許多民族常將這兩種鷹相提並論，都是馴鷹文化中的要角，兩者一大一小，都善於捕鳥，蒼鷹捕食大鳥、而北雀鷹捕食小鳥，共同形成當地鳥類的主要天敵。有趣的是，因兩者體型差距很大，因此蒼鷹也能輕易獵殺北雀鷹，形成同類相殘。所以北雀鷹會避開蒼鷹的地盤，這對「難兄難弟」其實是「很難成為好兄弟」。

　　北雀鷹繁殖於溫帶，但耐寒能力不及蒼鷹，因此秋冬季南遷的距離較遠，使得南國也有機會得見。台灣早年記錄甚少，直到 1990 年代觀音山進行遷移猛禽調查後，記錄才逐漸增加。近年觀鳥人與拍鳥人日增，度冬記錄的廣度也隨之增加。

　　北雀鷹在辨識上有若干困難，牠的體型介於很大的蒼鷹與很小的日本松雀鷹之間。有部分特徵與蒼鷹相似，例如明顯的眉線；也有另一些特徵與日本松雀鷹相似，例如輪廓。加上同時遷移的赤腹鷹與在地留鳥的鳳頭蒼鷹與松雀鷹，這 6 種鷹屬猛禽在一地全員到齊是有可能的，尤其春季在觀音山很常發生，對觀鷹人而言，如何眼明手快、慎思明辨既是挑戰也是樂趣。北雀鷹是台灣猛禽中尾翼比最大的一種，換言之，牠是尾部予人感覺最長的猛禽，這點對於第一時間憑直覺來辨識猛禽很有幫助。如果能拍下照片比對，當然更有助於確認。

　　北雀鷹的飛行氣質尚稱穩重，通常不會有活潑隨性的動作，但速度比蒼鷹迅捷，常迅速通過天際。個性與蒼鷹很像，單獨行動，從不成群也不與其他猛禽混群。性凶猛，在空中常主動衝擊挑釁其他猛禽。

| 原始林 | 次生林 | 河湖水域 | 草澤溼地 | 草原荒地 | 裸岩懸崖 | 城鎮 |

何處尋覓

如同蒼鷹，偏好疏林與林緣。比留鳥的松雀鷹與鳳頭蒼鷹更偏好開闊地，以淺山墾殖地及有樹林的平原農地為最常利用的棲地。雖然有度冬記錄的地點並不多，但忠誠度很高，幾乎每年冬季都可見，例如台北關渡平原、東北角的田寮洋等。春季 3~5 月遷移期間新北觀音山區常可見到遷移個體。

北雀鷹

Accipiter nisus

♂成鳥

♀成鳥

停棲形態

- 成鳥雌雄近似。雄鳥頭頂、眼周及背面藍灰色或灰色。有不明顯的白色眉線，有些個體缺如。下臉頰淡橙色，蠟膜黃綠色，眼黃色，但隨著年長轉為橙色至紅色。喉白，有多道細縱紋。腹面白色，密布淡紅褐色細橫紋。尾羽灰色，有4道深色窄橫帶，尾下覆羽白。裸足，足黃色，腿與趾皆纖細，中趾特長。雌鳥體型較大，白色眉線明顯，背部褐灰色，後頸白斑較多，眼黃色，腹面密布褐色細橫紋，交錯少數細縱紋，紋路清楚。翼中等長，翼尖達尾羽約 1/2 處。

- 幼鳥頭部及背面褐色。白色眉線明顯。眼淡黃色。腹面為新月形的粗短橫斑，胸部斑紋較錯綜不整。第 2 曆年達成鳥羽色。

L: 30~40cm WS: 60~79cm

小

展長比：2.1 尾翼比：0.56

♂成鳥

♀成鳥

飛行辨識

● 輪廓修長，翼略窄長，後緣僅稍微圓突。指叉 6 枚略突出，形成指突，鼓翼時突出且後掠明顯。尾甚長，<u>尾端平直</u>、尾角明顯，常微張。

● 飛羽及翼下覆羽皆密布橫紋，翼端不黑且橫紋明顯，腹面羽色淡。

● 盤旋時雙翼水平，翼端略上揚。經常鼓翼伴隨著短距滑翔，鼓翼快而深。

相似種辨異

● 蒼鷹體型較大，身軀較粗壯。幼鳥腹面有縱斑。飛行時翼較寬，雙翼上揚，尾端為圓尾或楔尾、尾較寬大。

● 日本松雀鷹體型較小，有喉央線，無明顯眉線。飛行時翼與尾皆較短，僅有 5 枚指叉。尾端中央內凹。

鳳頭蒼鷹

Accipiter trivirgatus
(Temminck, 1824)

種名源自拉丁文 *tri*=three=三、*virgatus*=striped=條紋，意為「有三道條紋的」。學名全意為「喉部有三道條紋的鷹」

英名：Crested Goshawk
其他中名：鳳頭鷹（中）、粉鳥鷹（台俗）、打鳥鷹（台俗）
狀態：留鳥

鳳頭蒼鷹成鳥　　　　　　　　　　　　　　　　　　　　　　　林文宏／攝

1	2	3	4	5	6	7	8	9	10	11	12

觀察時機

終年可見，尤其 2~5 月間為求偶與繁殖期最為活躍，經常可見飛行，且常 2 隻以上共飛；但 6~8 月為換羽期，行為變得隱密，罕見升空盤旋。喜於溫和的天氣升空，尤以上午較頻繁，但每次的滯空時間並不長。更多時間停棲於枝頭休息，有時選擇很明顯的枝頭，偶爾會停電桿或電線上。居於都市綠地者因活動範圍不大，終日都可觀察。

在台灣的山林中，鳳頭蒼鷹是僅次於蛇鵰，第二容易見到的留鳥猛禽。其數量原本就相當普遍，對人類干擾過的環境適應良好，且性不甚畏人。近年鳳頭蒼鷹更加適應城市環境，現在台灣各大城市的公園綠地、校園，甚至街道旁都愈來愈容易見到這些「城市遊俠」的行蹤，成為在台灣觀鷹的一個奇特目標。

要在都市內觀察鳳頭蒼鷹，其實很簡單，因都市內的個體都很不怕人，只要在公園綠地仔細搜尋，一旦尋獲，靜靜觀察即可。

在山林間，尋找鳳頭蒼鷹仍以搜索空域、俟其盤旋為最佳方法。其飛行辨識並不難，只要掌握短圓的翼形、甚長的尾及白色的尾下覆羽即可。此外，飛行時很常將雙翼下壓抖動，是遠距離辨識的最佳線索。

鳳頭蒼鷹的羽色或飛行輪廓都與松雀鷹甚為相似，早年是猛禽辨識上的一大難題。近年觀鳥者眾，且配備性能優異的相機，仔細觀察記錄細節後，已找出許多區分兩者的特徵，例如傳統上最常以飛羽 P5 與 P6 的長度差異來判斷，現今則常以最外側尾羽是否異紋來作區分。此外，在飛行氣質上，鳳頭蒼鷹較穩重，鼓翼頻度較低，行進方向可預期，滯空時間較長，也較不理會其他猛禽；松雀鷹飛行較活潑，鼓翼頻繁，時常變換行進方向，滯空時間短，常俯衝入林，在空中常主動衝擊挑釁其他猛禽。

鳳頭蒼鷹不若松雀鷹好鳴，僅於繁殖期發出「揮‧悔伊」尾音上揚的 2 音節鳴聲，或頗嬌柔的「唉‧唉‧唉」連續單音。

台灣有 6 種鷹屬猛禽，其辨識難度頗高，其中以鳳頭蒼鷹最為普遍易見，因此好好認識鳳頭蒼鷹是成功辨識其他鷹屬猛禽的基礎。

原始林	次生林	河湖水域	草澤溼地	草原荒地	裸岩懸崖	城鎮

何處尋覓

分布甚廣，海拔 0~2500 公尺的森林皆可見，但以低海拔的淺山丘陵最易見。適應能力甚佳，所需的領域並不大，且性不畏人，只要一小片小動物豐富的樹林便可存活，不論天然林、各類墾殖林皆可見。是唯一可定居於都會綠地的猛禽，近年在台灣各大都市內繁殖的族群逐年增加，公園、校園、行道樹都可成為絕佳觀察點。

鳳頭蒼鷹
Accipiter trivirgatus

成鳥

幼鳥

停棲形態

●成鳥雌雄近似。頭部鼠灰色，後頭有<u>短冠羽</u>，豎起時由側面可見，即使垂下亦使頭部形成方角形。有些個體有不明顯的白色眉線，但通常缺如，眼金黃色，老雄鳥轉為橙色，蠟膜黃綠色。背面深褐色或灰褐色。腹面白色，喉白，有 1 道粗而明顯的褐色喉央線，胸部布有赤褐色縱紋，兩側較密，有時形成斑塊，腹部密布橫紋，脛羽亦密布橫紋且較腹部更加細密。胸腹部的斑紋雄鳥較偏赤褐色。尾羽褐色，有 4 道深色橫帶，最外側尾羽無明顯異紋。<u>尾下覆羽白而蓬鬆，雄鳥尤其明顯</u>。裸足，足黃色。翼短尾長，翼尖僅達尾羽約 1/3 處。

●幼鳥背面褐色較淺，頭部亦為淺褐色。眼黃綠色。腹面淡皮黃色，密布縱斑，<u>腹部的縱斑為心形</u>。第 2 曆年達成鳥羽色。

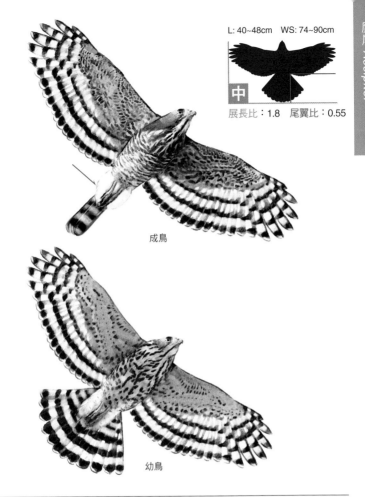

L: 40~48cm　WS: 74~90cm

中

展長比：1.8　尾翼比：0.55

成鳥

幼鳥

飛行辨識

- 翼短圓，後緣為完整的圓弧，翼端亦圓，指叉 6 枚但短而不突顯。尾甚長，尾端圓，合攏時為細棒狀，張開則呈扇形。幼鳥的尾羽較長，常將尾羽全張，使尾部顯得更大。
- 遠距離觀之，腹面羽色偏暗，<u>大而蓬鬆的白色尾下覆羽突出於尾下兩側</u>，雄成鳥尤為明顯，但幼鳥較不明顯。最外側尾羽無明顯異紋。
- 盤旋時雙翼水平，但常有短暫下壓倒 V 形、且迅速抖動的特有展示動作。鼓翼快而淺，顯得平直僵硬。

相似種辨異

- 松雀鷹體型較小、身軀較纖瘦。頭形較圓、嘴喙較短。脛羽橫紋較寬疏，足部甚纖細，中趾特長。飛行時 5 枚指叉較突顯、最外側尾羽異紋明顯。常鼓翼，但不會下壓抖翼。
- 蒼鷹體型較大，有明顯眉線，無喉央線。腹面斑紋細緻、羽色較淺。飛行時翼較長且指叉較突顯，雙翼上揚。尾略楔形。

松雀鷹 | *Accipiter virgatus* (Temminck, 1822

種名源自拉丁文 *virgatus*=striped，意為「有條紋的」。
學名全意為「有條紋的鷹」

英名：Besra
其他中名：鷹仔虎（台俗）、打鳥鷹（台俗）
狀態：留鳥

松雀鷹成鳥　　　　　　　　　　　　　　　　　　　　林文宏／攝

| 1 | 2 | 3 | 4 | 5 | 6 | 7 | 8 | 9 | 10 | 11 | 12 |

觀察時機

終年可見。但因習性隱密，不常升空盤旋，並不易見到。以溫和天氣的上午較
可能見其升空。3~6 月間為求偶及繁殖期，較為活躍且好鳴，是見到機會較高
的季節。

　　台灣的留鳥猛禽中，松雀鷹是體型最小的一種，也是習性最隱密的一種，總是隱身於樹林內部，因此甚難觀察。其實牠的分布很廣，數量也不少，對林相的要求並不高，能適應各種人類開墾過的樹林，這點與鳳頭蒼鷹類似，但最大的差異在於牠性畏人，會避開人類經常出現的地方。即使是有經驗的觀鷹人，在林中與松雀鷹邂逅時也常僅見到驚鴻一瞥的黑影。

　　雖然性羞怯，松雀鷹卻會因好鳴的習性而洩漏行蹤，牠經常在林中發出尖細的「啾—啾啾啾啾啾」鳴聲，第一聲拖長，其後為短促的連音，因此聽音是尋覓本種很重要的方法。但需注意的是：小卷尾與松鴉也會發出幾乎一模一樣的叫聲，所以得小心確認。

　　松雀鷹與鳳頭蒼鷹在形態上頗相似，雖然有些細部構造不同（例如嘴形、腳的粗細等），但因牠性隱密不容易靠近，這些細節往往很難看清楚。由於停棲時的觀察甚困難，欲觀察松雀鷹，仍以搜索空域、俟其盤旋為最佳方法。牠飛行時雖然與鳳頭蒼鷹仍很相似，但透過飛羽 P5 與 P6 間的差異、最外側尾羽異紋等明確的線索，可清楚辨識。

　　飛行氣質也是辨識松雀鷹很有用的線索，牠的飛行活潑而不穩定，經常伴隨鼓翼、變換方向、或突然的俯衝。春季求偶期還會上演幅度很大的波浪飛舞，自空中垂直向地面俯衝再拉起，宛如特技飛行。此外，升空的松雀鷹異常凶猛，經常仗著靈巧的身手主動衝擊挑釁其他體型更大的猛禽，台語的俗名「鷹仔虎」就是形容牠個子小卻凶狠的習性，其實這種「以小欺大」的景象是觀察猛禽時滿常見的有趣畫面。

| 原始林 | 次生林 | 河湖水域 | 草澤溼地 | 草原荒地 | 裸岩懸崖 | 城鎮 |

何處尋覓

分布甚廣，於海拔 0~2500 公尺的森林皆有記錄，以低海拔最易見。對各類森林皆可適應，但不像鳳頭蒼鷹會到都市內。所需的領域很小，可生息在離人不遠的樹林內，但因性隱密畏人，會躲藏在人跡罕至的角落。

松雀鷹
Accipiter virgatus

♂成鳥

♀成鳥

停棲形態

● 成鳥雌雄近似。頭頂鼠灰色。雄鳥體型明顯較小，眼橙黃色，老成轉為橙紅色，臉頰灰色；雌鳥眼黃色，臉頰褐色。蠟膜黃綠色，嘴喙甚短。背面深褐色，近頭部處較灰。腹面白色，喉白，有 1 道明顯的黑褐色喉央線，胸部中央為褐色縱紋，胸兩側於年輕時為褐色縱斑、隨成長逐漸成為橫斑，老成鳥呈對片的紅褐色斑塊，尤其常見於雄鳥。腹部及脛羽密布褐色橫紋，兩處橫紋間距等寬。尾羽褐色，有 4 道深色橫帶，但最外側尾羽的橫帶較窄也較多道，明顯「異紋」。尾下覆羽白色。裸足，足黃色，腿與趾皆纖細，中趾特長。翼短尾長，翼尖僅達尾羽約 1/3 處。

● 幼鳥背面褐色較淡。眼黃綠色或黃灰色。腹面淡米黃色，胸部為不規則長水滴狀粗縱斑，腹部為心形斑。第 2 曆年達成鳥羽色。

110

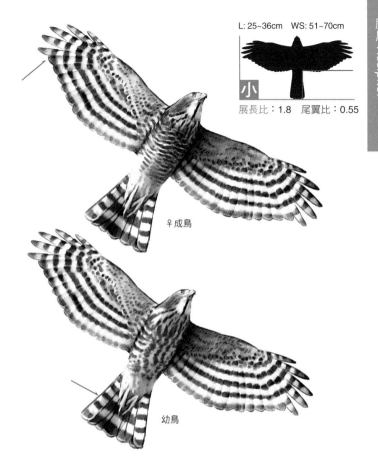

L: 25~36cm　WS: 51~70cm

小

展長比：1.8　尾翼比：0.55

♀成鳥

幼鳥

飛行辨識

- 翼短圓，後緣圓突明顯。最外 5 枚初級飛羽略突出，P5 與 P6 長度有明顯落差。內側 5 枚初級飛羽末端排列平直，略內縮於翼端指叉及次級飛羽圓突之間。尾長，尾端略平，常張開呈扇形，最外側尾羽異紋。
- 遠距離觀之，腹面羽色偏暗，但無明顯的蓬鬆白色尾下覆羽。
- 盤旋時雙翼水平，翼端略上揚。經常鼓翼伴隨著短距滑翔，鼓翼快而深。滯空時間短，飛行不穩重，經常變換方向或突然俯衝入林。

相似種辨異

- 鳳頭蒼鷹體型較大、身軀較粗壯，頭形為方角形、嘴喙較長，腿與趾較粗短。飛行時輪廓極相似，但 P5 與 P6 長度無明顯落差。「白腰」較明顯，最外側尾羽無異紋。飛行較穩重，會下壓抖翼。
- 日本松雀鷹體型略小，雄成鳥背面藍灰色，喉央線細而不明顯，腹面斑紋細緻、整體羽色較淡。飛行時翼較狹長、指叉更明顯。尾較短，橫帶較窄。
- 赤腹鷹幼鳥腿較粗短，腹面斑紋較粗而稀疏，翼下覆羽無斑紋。飛行時翼較狹長、翼端尖、後緣平直無圓突。尾較短。

日本松雀鷹

Accipiter gularis
(Temminck & Schlegel, 1844)

種名源自拉丁文*gula*=throat，意為「喉的」。學名全意為「有喉線的鷹」

英名：Japanese Sparrowhawk
狀態：過境鳥、冬候鳥

日本松雀鷹雄成鳥　　　　　　　　　　　　　　　　　　　　蔡振忠／攝

1	2	3	4	5	6	7	8	9	10	11	12

觀察時機

以春秋季遷移期為主，春季於 3~5 月間、秋季為 9~10 月間，各地於一日內最佳的觀察時間不盡相同，視當地遷移猛禽通過的規律與時程而定，不過大致上落在上午 8~12 時之間。冬候鳥甚稀少，但若已知度冬個體在某處穩定度冬，宜選擇晴天前往觀察出現機會較大。

日本松雀鷹是台灣所有猛禽中體型最小的，繁殖於東北亞，包括日本、中國東北等地，和分布於較南方的松雀鷹是近親，早期曾被視為是同一種。由於分布在北方，秋季必須南遷度冬，會和其他北方的猛禽如灰面鵟鷹、赤腹鷹、北雀鷹等共用同樣的航道南來北返。

日本松雀鷹與北雀鷹及松雀鷹各有一些相似之處，而這3種小型鷹屬有可能同時出現，對於入門不久的觀鷹人而言，確實是不小的挑戰。在遷移期，本種最常與赤腹鷹同時出現，赤腹鷹總是成群遷移，但日本松雀鷹並不混入赤腹鷹群的核心中，而是在外圍獨自行動，即使同種間也僅偶爾成2、3隻的鬆散小群。因此要找日本松雀鷹，在遷移期時搜尋赤腹鷹群之間的落單小鷹是很好的方法。與赤腹鷹尖狹的翼形相比較，日本松雀鷹明顯圓短的翼形並不難認出，這是在遷移期辨識日本松雀鷹的一大有利點。

與松雀鷹習性類似，日本松雀鷹也是凶猛活潑的猛禽，常在空中主動衝擊挑釁其他猛禽。偶爾會發出與松雀鷹極相似的尖細「啾—啾啾啾啾啾」聲，兩者難以分辨，因此若僅聽到這樣的鳴聲，不宜驟然判斷是松雀鷹或日本松雀鷹所發出。

在台灣度冬的日本松雀鷹數量很少，偏好的棲地與北雀鷹大致相同，都是淺山或有樹林的平原農地。但度冬的北雀鷹狀態通常很穩定，整個冬季都可見，但日本松雀鷹卻很不穩定，常只待了一段短期後就消失，推測可能是受到其他猛禽的排擠與驅逐。

原始林	次生林	河湖水域	草澤溼地	草原荒地	裸岩懸崖	城鎮

何處尋覓

於春秋季遷移期在各地遷移調查點皆有很高機會，其中秋季的墾丁、及春季的苗栗通霄與新北觀音山都是絕佳觀察點。度冬者很少，偏愛的棲地型態與北雀鷹相同，為低海拔森林與農地交界的淺山疏林地帶，比留鳥的松雀鷹更偏好開闊地。

日本松雀鷹

Accipiter gularis

♂成鳥

♀成鳥

停棲形態

●成鳥雌雄異型。雄鳥頭部及背面藍灰色，蠟膜黃色，眼圈黃色，<u>眼橙色或紅色</u>。喉白，有 1 道不明顯的細喉央線。腹面白色，密布淡紅褐色細橫紋，紋路模糊，於胸部及腹側常形成整片的<u>紅褐色斑塊</u>。尾羽灰色，有 4 道深色窄橫帶，最外側尾羽橫帶較多，尾下覆羽白。雌鳥體型較大，背部略偏褐色，<u>眼金黃色</u>，腹面及脛羽密布褐色橫紋，紋路清楚。裸足，足黃色，腿與趾皆甚纖細，中趾特長。翼中等長，翼尖達尾羽約 1/2 處。

●幼鳥頭部及背面褐色。眼黃綠色。<u>喉央線較粗，胸部有褐色縱斑、腹側有粗橫紋</u>。第 2 曆年達成鳥羽色。

L: 23~30cm　WS: 46~58cm

小

展長比：2.0　尾翼比：0.52

♂成鳥

♀成鳥

幼鳥

飛行辨識

● 翼中等長，後緣僅稍微圓突。<u>指叉 5 枚形成短指突</u>，鼓翼時突出且後掠明顯。尾長，不常張開，尾端成雙凸形，<u>中間內凹</u>。
● <u>飛羽及翼下覆羽</u>皆密布橫紋，翼端不黑且橫紋明顯，腹面羽色淡。
● 盤旋時雙翼水平，翼端略上揚。經常鼓翼伴隨著短距滑翔，鼓翼快而深。

相似種辨異

● 松雀鷹體型近似，背面褐色，喉央線明顯，胸部有縱紋，斑紋羽色較深。飛行時翼較短圓、指突較不明顯。尾羽的深色橫帶較寬。
● 赤腹鷹足部較粗短，蠟膜與腳帶橙色，無黃色眼圈，雄成鳥眼為暗褐色，翼下覆羽無斑紋。飛行時翼較狹而尖、後緣平直無圓突，翼端為黑色。
● 北雀鷹體型較大，有眉線，喉部有多道細縱紋。飛行時翼較長，有 6 枚指叉。尾較長。

褐耳鷹

Accipiter badius (Gmelin, 1788)

種名源自拉丁文 *badius*=chestnut-colored，意為「栗褐色的」。學名全意為「栗褐色的鷹」

英名：Shikra
其他中名：褐耳雀鷹、高砂鷹
狀態：尚無紀錄

褐耳鷹雄成鳥　　　　　　　　　　　　陳世中／攝於印度Keoladeo國家公園

1	2	3	4	5	6	7	8	9	10	11	12

觀察時機

迄今尚無紀錄，將來若出現，可能以秋季遷移期較有機會。

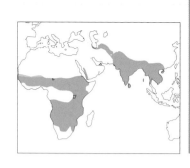

　　鷹屬是猛禽中種數最多的屬，全世界 325 種猛禽中就佔了 47 種。台灣有 6 種鷹屬，也是台灣猛禽中種數最多的屬。但另有一種鷹，迄今雖未曾有正式紀錄，卻與台灣有過絲縷般的神祕牽連，牠就是褐耳鷹。

　　台灣的鳥類學自英國人斯文豪（Robert Swinhoe）於 1860 年代開啟後，歷經多位西人與日人的耕耘，先後發表過 10 份台灣鳥類名錄。終戰後，動物學家陳兼善整理近百年的文獻資料，於 1956 年出版《臺灣脊椎動物誌》一書，是首份由我國人編纂的動物及鳥類名錄。這本書在猛禽部分列出一種「高砂鷹」，描述非常簡短，僅曰：產於台灣。根據其學名，牠就是現稱的褐耳鷹，奇怪的是過去的台灣鳥類名錄中從無此鳥，筆者曾細閱上千份鳥學老文獻，也查對台博館的標本目錄，皆無此鳥。且褐耳鷹的分布地遠離台灣，但陳氏卻稱牠為「高砂鷹」（「高砂」是日治時期對台灣的別稱），緣由費解。1980 年代台灣觀鳥風氣日益興盛，由民間三個鳥會組成的審查會重新檢討台灣鳥類名錄，從無紀錄的「高砂鷹」就此刪除。

　　褐耳鷹是一種分布很廣的小型鷹，東至華南西抵非洲，離台灣最近的分布地是廣東省，距離台灣並不遠，但本種的遷移性並不強，華南族群可能會向西往中南半島遷移，向東渡海來台的機會恐相當低，惟仍值得期待，本書特予收錄，以供參考。

　　鷹屬包含多種很相似的小型鷹，一向是猛禽辨識中的難題，本種的辨識也不容易，成鳥須小心與赤腹鷹、日本松雀鷹混淆。幼鳥難度更高，僅靠輪廓與羽色尚難確認，最好能看清足部，本種的腳比松雀鷹與日本松雀鷹都粗壯，這才是可信的特徵。

原始林	次生林	河湖水域	草澤溼地	草原荒地	裸岩懸崖	城鎮

何處尋覓

本種如同多數鷹屬，為森林性猛禽，大致偏好疏林與林緣。雖具遷移性，但並無跨海的習性，由此判斷，出現在台灣本島的機率很低，出現在金門、馬祖較有機會。

褐耳鷹
Accipiter badius

♂ 成鳥

幼鳥

停棲形態

● 成鳥雌雄近似。雄鳥頭及背面淡藍灰色，翼尖黑色。眼暗紅色，有白色細眉
線，蠟膜淡黃色。喉部白色，有 1 道細喉央線，腹面密布淡橙色與白色相間的
橫紋。尾羽灰色，下尾面可見 4~5 道深色橫帶，但中央尾羽及最外側尾羽橫帶
缺如，尾下覆羽白色。雌鳥體型明顯較大。頭及背部灰褐色，眼黃色，腹面的
橫紋褐色，下尾面最外側尾羽有 7~8 道窄橫帶。裸足，腳黃色。尾長，翼尖短
於尾的 1/2 處。

● 幼鳥頭及背面褐色，頭頂及臉有許多細縱紋，眼淡黃色，頸側有白色斑駁。喉
央線較粗。胸部有粗縱斑或水滴形斑，腹部有心形班，腹側有粗橫斑。尾羽的
橫帶更明顯。第 2 曆年達成鳥羽色

L: 25~35cm　WS: 48~68cm

小

展長比：1.9　尾翼比：0.51

♂成鳥

幼鳥

飛行辨識

- 翼中等長，後緣稍微圓突。翼端略窄圓，指叉 5 枚但並不突顯。尾長，尾角略圓。
- 成鳥胸腹部與翼下覆羽密布的細橫紋遠看為整片的淡橙色塊，飛羽的多道橫帶窄但明顯。雄鳥翼尖稍黑，雌鳥及幼鳥則不明顯。幼鳥胸腹部為凌亂的粗斑紋，背面及腹面所有斑紋皆褐色，翼及尾的末端帶較明顯。
- 滑翔及盤旋時雙翼水平，經常伴隨快速鼓翼。

相似種辨異

- 赤腹鷹翼形較窄尖，後緣較平直，指叉為 4 枚。翼尖的黑塊更大更明顯，成鳥飛羽及覆羽皆無斑紋，無喉央線。
- 日本松雀鷹翼下覆羽的條紋更清楚，指叉較突顯。腳與中趾皆更細長。
- 松雀鷹飛羽與尾部的條紋都更粗，尾更長。腳與中趾皆更細長。

赤腹鷹

Accipiter soloensis (Horsfield, 1821)

種名源自拉丁文 *solo*＝Solo＝爪哇某地名、*ensis*＝belonging to＝屬於，意為「屬於爪哇Solo地區的」。學名全意為「屬於爪哇Solo地區的鷹」

英名：Chinese Sparrowhawk
狀態：過境鳥

赤腹鷹雄成鳥   萬俊明／攝

1	2	3	4	5	6	7	8	9	10	11	12

觀察時機

僅於春秋季遷移期可見，春季以 4~5 月為主、秋季為 9~10 月，各地於一日內最佳的觀察時段不盡相同，秋季在墾丁約為 7~10 時，春季在苗栗通霄約為 7~9 時、新北觀音山則約為 10~12 時。下午通常落入林間休息，較不適觀察。

　　赤腹鷹是台灣的遷移性猛禽中過境數量最龐大的，2019 年秋季的墾丁猛禽調查創下了 25 萬餘隻的史上新高。可以說：赤腹鷹就是台灣數量最多的猛禽。然而，與其他猛禽的狀況不同的是：赤腹鷹是完全過境鳥，牠們於北方繁殖，前往南洋度冬，每年春秋兩季過境台灣，卻完全不在台灣度冬。因此要觀察赤腹鷹，除了春秋兩季，其餘季節都是枉然。

　　赤腹鷹群的規模可自數十隻至數千隻，不過數千隻的大群僅見於秋季的墾丁，其餘地點罕見。赤腹鷹群集結與行進時，隊形變換所形成的「鷹柱」、「鷹球」、「鷹河」是觀鷹人視覺上的一大饗宴。然而，赤腹鷹數量多並不代表牠容易觀察，相反地，由於體型小，高飛時僅剩一小黑點，尤其晴天飛甚高時常超出視力範圍之外，觀鷹人務必要用高品質的望遠鏡一再搜索，否則可能遺漏千百隻鷹而不自知。

　　在台灣 6 種鷹屬猛禽中，赤腹鷹是相當獨特的一員，牠的翼形尖狹、羽色黑白分明，尾短於其他鷹屬，這些明顯的特徵使得牠在辨識上並無困難。然而幼鳥腹面有許多斑紋，停棲時可能會被誤認為松雀鷹，是需特別注意之處。

　　在飛行氣質上，赤腹鷹是相當活潑的猛禽，牠們個性溫和，並不會去挑釁其他猛禽，然而在小群赤腹鷹群之間常可見到隊形時而整齊一致、時而上下左右變換方向、彼此互相穿插換位，像是表演、炫耀，更像是嬉戲，充滿活力與動感。

　　赤腹鷹甚少鳴叫，偶爾於棲息的林中發出「伊兒伊兒伊兒伊兒……」非常急促的連續高低兩音交錯的鳴聲。

原始林	次生林	河湖水域	草澤溼地	草原荒地	裸岩懸崖	城鎮

何處尋覓

於春秋季遷移期在各地遷移調查點皆有機會發現，其中以秋季的墾丁、台東樂山及春季的苗栗通霄、新北觀音山數量最多而穩定。此外各地山區與丘陵都可能有零星記錄，也曾有落於都市公園綠地短暫休息的例子。

赤腹鷹
Accipiter soloensis

♂成鳥

♀成鳥

幼鳥

停棲形態

● 成鳥雌雄近似。頭部及背面為藍灰色或灰色。蠟膜橙黃色，雄鳥眼暗紅近黑色，雌鳥眼黃色。喉白，無喉線。胸部橙色，但色澤深淺與範圍大小會隨個體與年齡而異，有些個體非常白，雄鳥呈整片的橙色塗彩，雌鳥則帶有不明顯橫紋，尤其在腹部。下腹部、脛羽及尾下覆羽白色。尾羽灰色，有 4 道黑色窄橫帶，最外側尾羽無斑紋。裸足，足橙黃色，腿與趾較松雀鷹略粗短。翼中等長，翼尖達尾羽約 2/3 處。

● 幼鳥眼黃色。背面褐色，有不規則白斑及赤褐色羽緣。有 1 道粗喉央線。胸部有褐色粗縱紋、腹部及脛羽有粗橫斑或心形斑。第 2 曆年達成鳥羽色。

L: 25~30cm   WS: 52~62cm

小

展長比：2.2　尾翼比：0.45

♀成鳥

幼鳥

飛行辨識

● 翼窄長，後緣平直，全張時略向前傾。翼端甚尖，無指突，張開時可見 4 枚指叉。尾短，通常微張，尾端略圓。

● 成鳥翼下尖端黑色，幼鳥黑色區域較小且較淡，但仍明顯可辨。翼下覆羽白色或淡橙色，無斑紋，與黑色翼端成明顯對比。成鳥除翼端外的飛羽皆為白色，幼鳥則皆布有橫帶。

● 盤旋時雙翼水平。經常鼓翼多下後伴隨著短距滑翔，鼓翼快而深。

相似種辨異

● 日本松雀鷹體型略小，腳較細長，蠟膜與腳為黃色，有黃色眼圈，雄成鳥眼為紅色。飛行時翼較寬，翼端較不尖且有 5 枚指叉、翼後緣有淺圓突，翼端無黑色，翼下覆羽有斑紋。

● 北雀鷹體型較大，有明顯眉線，喉部有多道細縱紋。飛行時翼較長，翼端較不尖且有 6 枚指叉。翼端無黑色，翼下覆羽有斑紋。尾較長。

● 松雀鷹體型近似，背面偏褐色，喉央線及腹面斑紋明顯不同。飛行時翼短圓，輪廓明顯不同。翼端無黑色，翼下覆羽有斑紋。

灰面鵟鷹 | *Butastur indicus* (Gmelin, 178

種名源自拉丁文 *indicus*=India，意為「印度的」
學名全意為「印度的鵟鷹」

英名：Grey-faced Buzzard
其他中名：灰臉鵟鷹（中）、灰面鵟、南路鷹（彰化）、山
　　　　　後鳥（屏東滿州）
狀態：過境鳥、冬候鳥

在溪畔喝水休息的灰面鵟鷹成鳥

萬俊明／攝

1	2	3	4	5	6	7	8	9	10	11	12

觀察時機

以春秋季遷移期為主，高峰期並不長，秋季為 10 月上中旬、春季為 3 月下旬。
春季台灣北端零星的遷移可持續至 5 月。各地最佳觀察時段不一，整個白天皆
有可能。秋季墾丁的起鷹及南下出海時間甚早，天微明即開始進行，觀鷹人宜
把握清晨；而滿州的黃昏聚集宜於下午 4~6 時之間觀察。御風能力甚佳，除了
雨天外皆會飛行。度冬個體雖然很少，但通常會在一地穩定停留整個冬季。

124

灰面鵟鷹大概是台灣的猛禽中最常被媒體報導，也最受矚目的一種，尤其當每年秋季鷹群過境墾丁及春季過境八卦山時。雖然早年牠長期受到地方傳統獵捕風俗的迫害，但近年已成為社會大眾關懷及保育宣導的標竿物種之一。灰面鵟鷹之所以特別受到注目，是因為成大群集體遷移，且年復一年使用同樣的路徑與夜棲地，成了人們觀賞猛禽遷移景觀的最佳對象。

2019 年秋季的墾丁猛禽調查灰面鵟鷹創下了 7 萬餘隻的史上新高，雖然在總量上仍遠少於赤腹鷹，但因灰面鵟鷹的體型大、飛行方式較穩定、在固定的地方夜棲且喜於低空飛行，所以就觀賞來說，灰面鵟鷹遠比赤腹鷹適宜一般民眾親近。

在辨識上，灰面鵟鷹成鳥窄長的翼形及偏紅的羽色相當獨特，辨識並不困難。但幼鳥的羽色較黯淡，且有些個體翼較寬，有時會被誤認為鷹屬猛禽，單獨出現時較易誤認，需特別注意。本種在日本有全身為深褐色的深色型，在台灣目前僅有個位數的記錄，值得留意。

在飛行氣質上，灰面鵟鷹屬穩重型，鼓翼深而和緩，飛行穩定，鷹群盤旋交錯換位時亦顯得亂中有序。但落單的個體偶爾展現活潑的一面，尤其在強風時喜愛御風耍玩，顯現相當高超的御風能力。群集性是辨識灰面鵟鷹時一項簡易的線索，由於台灣其他猛禽僅赤腹鷹會成大群，因此觀鷹人若見到大群的猛禽時，可輕易排除其他種類，考慮這兩種就夠了。

灰面鵟鷹的鳴聲為前短後長的二音節「積極—」，於春季較常鳴叫。

原始林	次生林	河湖水域	草澤溼地	草原荒地	裸岩懸崖	城鎮

何處尋覓

春秋季遷移期在各猛禽遷移調查點皆可見，秋季以墾丁及滿州最佳，墾丁適合觀察晨間出海，滿州則適合觀察黃昏聚集，此外新中橫自忠可見到高海拔的遷移；春季則以彰化八卦山、苗栗通霄、新北觀音山最佳。冬候鳥的數量甚少，僅恆春半島、北海岸及東北角偶爾可見，偏好淺山或溪谷兩側的墾殖林，也常到開闊的草地上獵食。

灰面鵟鷹
Butastur indicus

成鳥

幼鳥

停棲形態

● 成鳥雌雄近似。頭部灰褐色，<u>臉鼠灰色</u>。雄鳥灰臉較明顯，且頭頂亦偏灰色，白色眉線較細或缺如；雌鳥頭頂為褐色，白色眉線明顯。嘴黑色，蠟膜黃色，眼金黃色。背面紅褐色。喉白，有一道褐色粗喉央線。腹面及脛羽密布褐色橫紋，<u>雄鳥胸部常呈整片褐色</u>，雌鳥則交雜較多白斑。尾灰褐色，有 3~4 道褐色橫帶，尾上覆羽有一小段新月形白斑，但有些個體不顯，尾下覆羽白色。裸足，足黃色。翼長，翼尖達尾端。

● 幼鳥初頭部及背面褐色，<u>米黃色眉線粗而明顯</u>，前額至頭頂色淡，具細縱紋，眼暗褐色。<u>腹面密布深色縱紋</u>，脅部常有若干橫斑。第 2 曆年達成鳥羽色。

126

L: 47~51cm　WS: 102~115cm

中

展長比：2.4　　尾翼比：0.38

成鳥

幼鳥

飛行辨識

●頭翼窄長、前後緣皆平直、翼端略尖，指叉5枚不突顯，無指突。尾短於鷹屬，通常微張。加速前進時弓翼使翼端更尖，略似隼科。

●成鳥背面紅褐色、腹面色淡，遠距離仍明顯可見。近距離可見翼端略黑，尾部的橫帶於中央部分明顯，最外側2對尾羽不明顯

●飛行時雙翼水平。鼓翼深而慢。

相似種辨異

●蒼鷹的體型相近，但翼明顯更寬。尾更長，尾部橫帶更完整而明顯。

●紅隼的背面亦為紅褐色，但體型明顯較小，翼更尖。

127

黑冠鵑隼

Aviceda leuphotes
(Dumont, 1820)

種名源自希臘文 *lophos*=crest=冠、*otes*=featuring
特徵，意為「以冠羽為特徵的」。學名全意為
「以冠羽為特徵的鵑隼」

英名：Black Baza
狀態：秋過境鳥

在金門度冬的黑冠鵑隼   洪廷維／攝

1	2	3	4	5	6	7	8	9	10	11	12

觀察時機

主要是秋過境鳥，台灣於 1999 年 10 月首度記錄到，其後幾乎每年都有一兩筆
記錄，大多數記錄出現在 10 月，可能會混飛於灰面鵟鷹群中或外圍。金門有 1
筆度冬記錄，確認了在冬天見到的可能性是存在的。

　　黑冠鵑隼分布於華南至東南亞，是亞熱帶地區的猛禽，較北的族群有很強的遷移性，例如華南的族群會南遷至中南半島及馬來半島度冬，雖然遷移的距離不算很遠，卻是中南半島最有名且數量數一數二的遷移性猛禽，例如在泰國知名的猛禽遷移調查點鉛筆山（Khao Dinsor），每個秋季可數到超過 10 萬隻的過境總量。

　　台灣並不在黑冠鵑隼正常的遷移路徑上，早年並無記錄，直到 1999 年 10 月始由在墾丁執行遷移猛禽調查的蔡乙榮等人首度發現，其後墾丁幾乎每年都有 1~2 筆記錄，皆在 10 月份。雖然 20 年來每年目擊的數量仍極少，但秋季時間一到多少總是會出現，其狀態已非迷鳥，而是稀有而規律的秋過境鳥了。有趣的是：這些過境台灣南端的黑冠鵑隼究竟要飛去哪裡？菲律賓迄今尚無黑冠鵑隼的記錄，飛向菲律賓的可能性並不高；而自墾丁跨越南海飛向中南半島的距離甚遠，可能性似乎更低。是否有可能就在恆春半島不為人知度度冬？仍是待解之謎。

　　黑冠鵑隼的形態相當獨特，辨識上並無困難。飛行亦具特色，不僅翼形獨特，且鼓翼頻繁似鴉科。此外牠具有很強的晨昏行性，在猛禽中並不多見。

　　至於說，黑冠鵑隼分明屬於鷹科，為何被稱為隼？這是因為本屬早期的英名是「Cuckoo Falcon」，中名就跟著譯為「鵑隼」。後來西方鳥類學家察覺該英名並不好，遂改為「Cuckoo Hawk」，照說中名應該隨之更新為「鵑鷹」，但舊中名已沿用多年，已乏人關心是否需正名了。

原始林	次生林	河湖水域	草澤溼地	草原荒地	裸岩懸崖	城鎮

何處尋覓

在原分布區棲息於較開闊且較乾燥的闊葉林。在台灣本島僅短暫過境，未見穩定的棲息地。目前大多數記錄出現在恆春半島，尤以墾丁的社頂公園為最佳地點，花蓮也曾有記錄。離島則於金門、馬祖、澎湖都曾有記錄。

黑冠鵑隼
Aviceda leuphotes

♀成鳥

停棲形態

●成鳥雌雄近似。背面大致為帶有光澤的黑色。頭部黑色，<u>具甚長的黑色冠羽</u>，眼紫褐色，嘴灰色，具雙齒突，蠟膜灰色。背部黑色，肩羽、大覆羽及次級飛羽有白色及淡栗色斑塊。腹面白色，喉黑色，上胸白色，其下有 1 道粗黑橫帶，<u>再往下雄鳥有 3 道栗色橫帶，雌鳥則有 7 道</u>（上面 4 道清楚且連貫，下面 3 道不清楚且中央不連貫）。尾羽及尾下覆羽黑色。脛羽黑色，裸足，足黑色。翼尖僅達尾長約 3/4 處。

●幼鳥與成鳥極相似，僅背面略黯淡且略偏褐色，白色斑塊更多，喉及上胸有若干細縱紋。但遠距離難以區分。

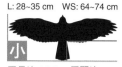

L: 28~35 cm   WS: 64~74 cm

小

展長比：2.2   尾翼比：0.35

♂成鳥

♀成鳥

飛行辨識

● 翼的尖端及基部窄，中段圓寬，呈樹葉狀。翼端圓，指叉甚短。

● 下翼面的覆羽及飛羽、頭及胸、尾下覆羽及尾羽等三處的黑白或黑灰對比明顯。上翼面飛羽具紫褐色光澤，<u>次級飛羽內側及腰側有明顯白色斑塊，雌鳥的白斑較小塊</u>。

● 飛行速度慢，常鼓翼，似鴉科鳥類。

曠野的猛禽
Raptors in Open Field

　「曠野」泛指森林以外所有空曠遼闊的荒野，包括草原、溼地、水域、懸崖等多類環境，在世界各大洲都是野生動物的重要棲地，但台灣因地狹人稠，多數平原早已嚴重開發，能提供野生動物生息的空間所剩無幾，台灣終年生息於曠野的留鳥猛禽亦很少。然而，每年秋冬季總有一些來自北方的猛禽選擇在台灣本島及離島的曠野度冬。曠野的生態性質易受人類影響與改變，生息於其間的猛禽數量少、不穩定、分布不平均、多數僅短期居留，然而有時會出現難以預期的稀有種類，令人驚喜。台灣的猛禽中可歸類為曠野性的共有 12 屬，大致依體型大小順序簡介如下：

禿鷲屬　*Aegypius*　Savigny, 1809

屬名源自希臘文 *aigupios*=vulture，意為「禿鷲」。本屬是立姿高大的巨型猛禽，為單種屬，全世界僅 1 種。分布於歐亞大陸乾旱地區的草原與山區。翼甚寬長，指叉甚長，尾甚短，身軀強健。羽色深褐色，頭部裸露，長有稀疏絨羽，頸部有流蘇狀長羽。鼻孔圓形。足部強健，跗蹠上半被羽，爪短僅稍彎，下方有龍骨突起。

海鵰屬　*Haliaeetus*　Savigny, 1809

屬名源自希臘文 *halo*=sea=海、*aetos*=eagle=鵰，意為「海邊的鵰」。本屬為體型壯碩的巨型猛禽，全世界共 10 種，散布於南美洲以外的各大洲。棲息於水域周遭，有些偏好海邊，有些偏好內陸河湖。翼甚寬長，尾短，身軀強健。羽色以褐色為主，但有醒目的白色部位。中央尾羽最長，有些成楔形，有尾羽 14 枚的種類（虎頭海鵰 *Haliaeetus pelagicus*）。嘴喙巨大強勁，深鉤，側面較扁，鼻孔狹長形。跗蹠短，上半部被羽，趾及爪強大，腳底有棘狀鱗。台灣有 2 種。

鵰屬　*Aquila*　Brisson, 1760

屬名源自拉丁文*aquila*=eagle，意為「鵰」。本屬為體型壯碩的大至巨型猛禽，全世界共 11 種，分布於南美洲以外的各大洲。偏好在開闊的荒野覓食，包括多岩荒山、疏林草原、溼地等。翼寬長，尾短或中等長，身軀強健。羽色以深褐色為主，但少數種類有白色的腹面。無明顯冠羽，但後枕羽毛略長，延伸成箭矢狀。嘴喙長而強大，上嘴喙垂直下勾，喙緣平順無齒突，鼻孔橢圓形。毛足，腿粗壯，爪長而深鉤，後爪最強健。台灣有 2 種。

烏鵰屬　*Clanga*　Adamowicz, 1858

屬名源自希臘文*klangos*，意為「亞里斯多德曾提及的某種鵰」。本屬為似鵰屬的大型猛禽，全世界共 3 種，分布於歐亞非三洲。棲息於接近水域的疏林及荒野。翼寬長，尾短。身軀強健。羽色大多為深褐色，故名之，但烏鵰有淡色型幼鳥。嘴喙略小於鵰屬，喙緣平順無齒突，鼻孔圓形。毛足，腿粗壯，爪長而深鉤，後爪最強健。台灣僅 1 種。

隼鵰屬　*Hieraaetus*　Kaup, 1844

屬名源自希臘文*hierax*=falcon=隼、*aetos*=eagle=鵰，意為「似隼的鵰」。本屬為略似鵰屬的中至大型猛禽，全世界共 5 種，分布於歐亞非三洲。棲地頗多樣化，可為森林、林緣、多岩山區、農地、疏林草原等。體型如小一號的鵰屬，但翼形較窄尖。背面羽色如鵰屬般為深褐色，但腹面常有深淡二色型現象。上嘴喙基部彎曲，具齒突，鼻孔橢圓形。毛足，腿粗壯，爪深鉤強健。台灣僅 1 種。

鶚屬　*Pandion*　Savigny, 1809

屬名源自希臘文*Pandion*，意為「希臘神話中一位雅典國王之名」。「鶚」為魚鷹的中文古名。本屬為單種屬，全世界僅 1 種。為特化於抓魚的大型猛禽，廣布於全球各大洲，與遊隼同為世界上分布最廣的鳥類，棲息於水域周遭。翼甚寬長，尾短。體型稍纖瘦，羽色趨近黑白兩色，羽毛防潑水性佳。雙眼較其他猛禽前視，鼻孔為狹長形，可隨意閉合。裸足，外趾可後轉，使腳趾成為 2 前 2 後，4 爪約等長，趾掌底密布棘狀鱗。

鳶屬　*Milvus*　Lacepede, 1799

屬名源自拉丁文*milvus*=kite，意為「鳶」。本屬為大型猛禽，但體輕而瘦弱，全世界共 2 種，分布於舊大陸（歐亞非澳四洲）。具極強的適應性，可生活於旱漠、高原、農村、溼地、海岸、都市等多種環境。翼長，飛行時腕部明顯折屈。尾長，有魚尾狀分叉。羽色單純，為深褐色或紅褐色。嘴喙小，鼻孔圓形。裸足，趾爪較弱小。台灣僅 1 種。

栗鳶屬　*Haliastur*　Selby, 1840

屬名源自希臘文*halo*=sea=海、*astur*=hawk=鷹，意為「海邊的鷹」。本屬為大型猛禽，全世界共 2 種，分布於熱帶亞洲及澳洲。棲息於海岸、溼地及疏林草原。翼中等長，形態與鳶屬相似，但尾為圓尾，體型不若鳶屬輕盈。羽色或醒目（栗鳶）或黯淡（嘯鳶）。嘴喙小，有齒突，鼻孔斜圓形。跗蹠上半部被羽，趾掌底有小棘狀鱗。台灣僅 1 種。

鵟屬　*Buteo*　Lacepede, 1799

屬名源自拉丁文*buteo*=buzzard，意為「鵟」。本屬為中至大型猛禽，全世界共 29 種，是猛禽中的第 3 大屬，廣布於澳洲以外的各大洲，尤以美洲最多。多數棲息於開闊草原、林緣或疏林，極少數棲息於森林。翼及尾皆寬，身軀略顯圓胖。羽色自黯淡至顏鮮豔皆有，下翼面為淡色且多數有腕斑，有些種類有深淡二色型現象。嘴喙短至中等，鼻孔橢圓形或狹長形。腿短，趾及爪短小，多數裸足，少數北方種類為毛足。台灣有 3 種。

鷂屬 *Circus* Lacepede, 1799

屬名源自希臘文*kirkos*=circle，意為「兜圈子飛的鷹」。
本屬為中至大型猛禽，全世界共 16 種，廣布於全球各大
洲。在開闊的草地上覓食，有些種類偏好溼地草澤，有
些則偏好乾旱的草原。翼窄長，尾亦長，整體顯得修
長。羽色雌雄異型，雄鳥以灰、白、黑為主，雌鳥則以
褐色為主。體羽柔軟而蓬鬆。臉部有類似貓頭鷹的顏盤
與流蘇，眼先有剛毛，嘴喙小而弱，鼻孔橢圓形。裸
足，腿細長。台灣有 4 種。

隼屬 *Falco* Linnaeus, 1758

屬名源自拉丁文*falco*=falcon，意為「隼」。本屬為小至中型
猛禽，全世界共 39 種，是猛禽中的第 2 大屬，散布於全球各
大洲。棲息於開闊地，包括各類型態的荒野、懸崖、海岸線
等，少數能適應城鎮。翼窄長而尖，尾長短皆有。雌鳥大於
雄鳥，有些種類差異頗大。羽色背面多數為黑灰色，少數為
紅褐色。嘴喙短而強勁，上嘴喙有明顯齒突，鼻孔圓形，有
中央鼻管。裸足，食鳥的種類中趾特長。台灣有 5 種。

黑翅鳶屬 *Elanus* Savigny, 1809

屬名源自希臘文*elanos*=kite，意為「某種鳶」。本屬為中
型猛禽，全世界共 4 種，分布於全球各大洲，多數在熱
帶及南半球。棲息於較乾旱的疏林草原。翼長尾短，羽
色僅黑灰白三色，形態獨特。眼先有強韌的剛毛，嘴喙
小，尖端窄但基部寬，鼻孔圓形。跗蹠短，上半部分被
羽。趾爪纖細，4 爪約等長。台灣僅 1 種。

禿鷲

Aegypius monachus (Linnaeus, 1766)

種名源自拉丁文_monachus_=hooded，意為「似僧侶般有頭巾的」。
學名全意為「有頭巾狀飾羽的禿鷲」

英名：Cinereous Vulture
狀態：冬候鳥

短暫出現於北海岸的禿鷲

蘇秀芬／攝

1	2	3	4	5	6	7	8	9	10	11	12

觀察時機

稀有且不規律的冬候鳥，多年才出現一次，多為短暫出現後即消失，難以預測
其出現時機。與其他猛禽規律的春秋季遷移無關，整個冬半年內都有可能突然
出現。

　　雖然鷲類猛禽其貌不揚，甚至於給人醜陋的感覺，且總是讓人聯想到動物的死屍，令人不快。但若以生態系的角度來看，鷲類扮演著幫往生的動物迅速回歸大自然的分解者角色，若非牠們，荒野將長期充斥著潰爛腐臭且蠅蟲細菌四溢的屍體，那才是災難。鷲類與牠們賴以維生的大型野獸，代表著地球上最後的遼闊荒野，見到鷲類宛如置身於青藏高原或非洲草原，這樣的指標意義及意境的超連結令人心生崇敬。

　　歐亞大陸約有 15 種鷲類，幾乎都具很強的群居性，惟有禿鷲是獨居的，也是唯一分布至東亞的鷲類，牠具有遊牧的習性，常隻身作長距離的不規律遷移，因此在像日本與台灣這樣的海島國家，才有幸見到這種原居於崇山大漠的巨大猛禽。

　　禿鷲最大的特色，就是「巨」。事實上，禿鷲將近 3 公尺的翼展，在猛禽中僅次於分布在南美洲的安地斯神鷲（*Vultur gryphus*）與北美洲的加州神鷲（*Gymnogyps californianus*），再扣除世界上翼展最長的鳥類——信天翁，禿鷲正是歐亞大陸翼展最長的陸鳥。台灣能見到如此巨鳥，能不驚嘆嗎？筆者一向將本種視為台灣猛禽的「終極鷹種」，一來突顯得見的困難，二來也讚嘆其巨大。

　　遺憾的是，如此珍稀的巨鳥在台灣過去的記錄常以遭捕殺收場，一則因其體型巨大但動作遲緩，難逃地方好奇者的獵捕；二則因迷途來台者常覓食無著，挨餓狀態下不得不侵襲農場放養的禽畜，終遭農民獵捕。希望將來來台的禿鷲都能受到珍惜與守護，能順利度冬並平安返回千里外的故鄉。

原始林	次生林	河湖水域	草澤溼地	草原荒地	裸岩懸崖	城鎮

何處尋覓

曠野的猛禽，完全不進入森林。台灣以往出現的環境包括平原、寬闊的溪床、岩岸懸崖、離島等。滯空能力甚強，可盤旋甚高後滑翔至遠方，活動範圍可以很大，歷史記錄包括北海岸、花蓮、墾丁及澎湖，可見全台灣都有機會見到。除盤旋覓食外會在地面佇立很久，觀鷹人搜尋時應注意地面的突出物。

禿鷲
Aegypius monachus

停棲形態

●成鳥雌雄同型。全身大致黑褐色。<u>頭部皮膚裸露</u>，有黑色短絨毛。眼暗褐色，<u>蠟膜淺藍紫色，嘴長而粗大，為淺灰色</u>。頸長但平時內縮，<u>後頭及頸部長有流蘇狀飾羽</u>。裸足，腳灰、黃白或粉紅色。翼長尾短，翼尖達尾端。

●未成鳥全身羽色更黑。嘴黑，隨著年齡成長由基部開始逐漸變淡。蠟膜、嘴基、眼圈為帶有粉紅色的灰色。第 6~7 曆年達成鳥羽色。

L: 100~120cm   WS: 250~295cm

展長比：3.2   尾翼比：0.20

飛行辨識

● 巨型，翼極寬長，指叉 7 枚甚長，飛羽常嚴重磨損。尾極短。頭部因內縮而顯得甚小。

● 全身黑褐色，無任何斑紋。

● 盤旋時雙翼水平，指叉上翹。滑翔時翼端略下垂。

相似種辨異

● 鵰屬與海鵰屬的體型較小，翼較短，飛行時頭與尾的比例較大。

白尾海鵰

Haliaeetus albicilla
(Linnaeus, 1758)

種名源自拉丁文 *albus*=white=白、*cilla*=tail=尾，
意為「白尾的」。學名全意為「白尾的海鵰」

英名：White-tailed Eagle
狀態：冬候鳥

白尾海鵰成鳥　　　　　　　　　　　　　　　蔡振忠／攝於日本北海道

1	2	3	4	5	6	7	8	9	10	11	12

觀察時機

理論上應是冬候鳥，但過去十餘年來在宜蘭翠峰湖卻有多次夏季出現的記錄。
但除了翠峰湖在夏季有機會見到外，其餘地點仍在冬半年才有機會。3~5 月間
北部有機會見到遷移個體，新北觀音山的記錄顯示通常於中午前後出現。

　　海鵰屬是一類極為威武壯麗的巨型猛禽，不僅體型大，且有著醒目的白羽，例如白頭海鵰（*Haliaeetus leococephalus*）就是以一頭耀眼的白羽獲得美國國鳥的殊榮。台灣有幸也有 2 種海鵰的記錄，一種來自北方、一種來自南方。而出現記錄以來自北方的白尾海鵰為主。

　　白尾海鵰廣布於歐亞大陸北方，非常適應寒冷氣候，可分布至北極圈內，且多數族群是留鳥，僅少部分族群會南遷度冬，尤其是未成鳥。位居亞熱帶的台灣幾乎是本種度冬區的最南限，早年約每隔 2、3 年才出現一次，是相當稀有的冬候鳥。

　　海鵰屬雖然與魚鷹一樣以魚為主食，但兩者的捕魚行為有頗大的差異，海鵰無法如魚鷹般潛水，只能以貼近水面飛行、雙爪插入水中的方式捕魚，或站立於淺灘突襲接近的魚。觀鷹人可藉由捕魚的方式來區別這兩種猛禽。此外，海鵰的食性較廣，抓不到魚時也可獵捕任何小動物，甚至常取食動物死屍。

　　在辨識上，白尾海鵰非常易認，即使是未成鳥也可藉由尾部特徵認出。但有一種特殊狀況可能會讓人失誤，即成鳥飛於白雲之下，其白尾可能會消失無蹤，成為一隻沒有尾巴的怪鷹，令人困惑，這是筆者的親身經驗，提出供讀者參考。

　　提到白尾海鵰，台灣的觀鳥人都會想到宜蘭翠峰湖，因自 2002 年 1 隻白尾海鵰出現在翠峰湖起，至今 18 年來該地一直有記錄，而且有許多筆夏天的記錄，似乎是同一個體一直滯留台灣並未北返，但實情如何仍是未解之謎。有一句名言：「生物會找到出路」，任何物種永遠有不按常理出牌的個體，或許這就是生態觀察迷人的所在。

原始林	次生林	河湖水域	草澤溼地	草原荒地	裸岩懸崖	城鎮

何處尋覓

本種棲息於魚源豐富的大型水域旁，不喜接近人類，台灣多數記錄在山區的湖泊或水庫，例如宜蘭翠峰湖、新店直潭壩，此外嘉義鰲鼓溼地也有記錄。性慵懶，不愛飛，常在水邊的大樹枝頭佇立許久，觀鷹人可在適當的水域周遭搜尋大樹。春季 3~5 月遷移期間在新北觀音山有數次飛越記錄。

白尾海鵰

Haliaeetus albicilla

成鳥

未成鳥

停棲形態

●成鳥雌雄同型。全身大致褐色。頭及頸部為淡褐色。眼黃色，蠟膜黃色，嘴粗大、黃色。背面褐色，飛羽顏色較深。尾羽白色，尾下覆羽暗褐色。裸足，足黃色。翼長尾短，翼尖達尾端。

●未成鳥全身大致褐色。頭部羽色略深。眼暗褐色，隨著成長逐漸變黃，蠟膜及嘴黑褐色，隨著成長自嘴尖逐漸變黃。腹面淡褐色帶有縱紋並雜有白斑。每根尾羽中央汙白色，外緣及末端黑褐色，形成「鑲邊」狀。第8曆年達成鳥羽色。

L: 75~98cm　　WS: 199~228cm

巨

展長比：2.5　　　　　尾翼比：0.25

成鳥

未成鳥

飛行辨識

● 巨型，成鳥全身褐色，僅尾羽潔白，極明顯易認。頭頸與嘴喙大而突出。翼寬長，指叉 7 枚甚長。<u>尾短，呈明顯的楔形</u>。

● 未成鳥的羽色因成熟期漫長而略顯複雜，但尾部仍為主要特徵，<u>鑲黑邊的白尾</u>仍明顯易認。

● 盤旋時雙翼水平。滑翔時基部略上提，翼端略下垂，呈淺 M 形。

相似種辨異

● 白腹海鵰的腹面為白色或淡色，未成鳥的尾羽無鑲黑邊。

● 花鵰與白肩鵰體型較小。毛足。尾羽無白色，尾為扇形而非楔形。

143

白腹海鵰

Haliaeetus leucogaster
(Gmelin, 1788)

種名源自希臘文 *leucos*=white=白、*gaster*=belly
腹，意為「白腹的」。學名全意為「白腹的海鵰」

英名：White-bellied Sea-Eagle
狀態：迷鳥

白腹海鵰成鳥　　　　　　　　　　　　　　　　　　林文宏／攝於馬來西亞檳城

1	2	3	4	5	6	7	8	9	10	11	12

觀察時機

因狀態為迷鳥，出現時機難以預期，可能終年都有機會。

144

　　與分布於北方的白尾海鵰恰好相反，白腹海鵰分布於澳洲、東南亞及印度，是典型的熱帶或稱南方鳥類。雖然離台灣很近的菲律賓及香港都有分布，但因本種通常是留鳥，很少進行長程遷移，因此台灣以往並無記錄。直到 1988 年 9 月始由在蘭嶼進行角鴞研究的陳輝勝與姚正得兩人意外發現，之後要到 21 世紀才出現第 2 筆記錄。至今記錄仍很少，其中曾文水庫約自 2015 年起長達 4 年以上一直有觀鳥人目擊，是同一個體的可能性頗高。由於白腹海鵰的習性是留棲性的，迷途來台者或許是被颱風或熱帶性風暴意外帶來，而抵台的個體既然已找到足以溫飽的棲地，或許就會長期定居，不再飄泊了。

　　白腹海鵰喜居於熱帶海濱，太平洋及印度洋上許多海島有分布，牠的食性頗廣，除了魚之外，也取食許多其他海洋動物。其中相當特別的是，在某些海蛇數量非常多的海域，海蛇常成為白腹海鵰的主食。此外牠也具很強的掠奪性，會搶奪其他大型海鳥及魚鷹所抓到的魚。

　　白腹海鵰具有非常奇特的求偶行為，雌雄鳥會以爪對爪相抓，在空中翻滾多圈，垂直下落，是猛禽中最奇特與壯麗的行為之一，可惜這樣的生態景觀僅於繁殖地可見。

　　在辨識上，白腹海鵰成鳥的醒目灰白羽色非常獨特易認，未成鳥雖然羽色黯淡，仍可藉由特殊的輪廓特徵認出，此外也可利用牠非常親水的習性與其他大型猛禽區隔。在遠距離時可能因腹面白色而誤認為是魚鷹，但兩者的獵食行為不同：魚鷹會全身俯衝入水抓魚，但白腹海鵰僅能用雙爪入水抓魚。

原始林	次生林	河湖水域	草澤溼地	草原荒地	裸岩懸崖	城鎮

何處尋覓

本種以魚及各種水生動物為食，棲息於海岸、河口、海島、湖埤、水庫等水域周遭。台灣迄今記錄仍很少，曾出現在蘭嶼、曾文水庫、卑南溪口、高雄蓮池潭等，依其分布來判斷，未來仍以南部的海邊及大型水域較有機會。

白腹海鵰

Haliaeetus leucogaster

成鳥

未成鳥

停棲形態

● 成鳥雌雄同型。<u>頭部及腹面白色</u>。眼褐色，蠟膜灰色，嘴粗大、灰黑色。背面及翼灰色，飛羽黑色。尾羽白色，近基部有 1 道黑色窄橫帶。裸足，足灰黑色。翼長，翼尖達尾端。

● 未成鳥全身大抵淡褐色。頭部淡皮黃色，後頸有深褐色縱斑。背面褐色，每根覆羽的羽緣色淡，形成許多白斑。腹面淡褐或淡皮黃色，<u>上胸部顏色較深，形成 1 道寬橫帶</u>。尾羽米白色，幼鳥有 1 道淡褐色末端帶，3 齡時消失。第 5~6 曆年達成鳥羽色。

L: 70~85cm　WS: 178~218cm

展長比：2.6　　　尾翼比：0.22

成鳥

未成鳥

飛行辨識

● 巨型，成鳥全身黑白兩色，極明顯易認。翼寬長，通常略後弓，翼後緣呈獨特的弧形，指叉 6 枚中等長。尾短，呈明顯的楔形。飛行時雙翼上揚呈 V 形。
● 未成鳥的羽色略顯複雜，隨著年齡由深變淡。翼端黑色、次級飛羽汙褐色，初級飛羽基部有白色翼窗。腹面色淡，上胸部略深。

相似種辨異

● 魚鷹體型較小，翼較窄長，尾非楔形。
● 白尾海鵰未成鳥的整體羽色較深，每道尾羽都有鑲黑邊。
● 花鵰與白肩鵰體型較小，尾羽非白色，尾為扇形而非楔形。

147

白肩鵰

Aquila heliaca Savigny, 1809

種名源自希臘文*heliakos*=solar，意為「陽光的」。
學名全意為「頸部羽毛為金黃色的鵰」

英名：Imperial Eagle
其他中名：御鵰
狀態：冬候鳥

在金門度冬的白肩鵰未成鳥

李友源／攝

1	2	3	4	5	6	7	8	9	10	11	12

觀察時機

稀有且不規律的冬候鳥，多年才有一次記錄，在台灣本島通常僅短暫出現。出現時機難以預期，以冬季較有可能。近年金門有完整的度冬記錄（11~3月）。

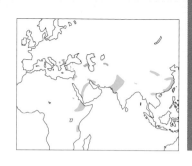

　　鵰屬在猛禽中一直有著王者般尊貴的形象，雖然分布範圍極廣，但所有種類都很稀少，益顯珍貴。依以往流傳很久的分類學，台灣原有 2 種鵰屬的記錄：白肩鵰與花鵰，但近年新的分類學認為花鵰有其獨特之處，將牠分離另成一屬（烏鵰屬），而金門於 2014 年出現了新記錄的白腹鵰，所以台灣現在的 2 種鵰屬成了白肩鵰與白腹鵰。

　　白肩鵰的英名意為「帝王之鵰」，氣勢震懾。而中名「白肩鵰」則是指牠停棲時肩部有白色斑塊，但飛行時並不易見到。繁殖於歐亞大陸北方，以中亞至歐洲為主，東亞的族群很稀少，儘管少數會到中國東南部度冬，不過如同金鵰、白腹鵰等不大遷移的鵰，雖會遷移但並不喜渡海，因此要出現在台灣的機率自然很小，往年曾於新竹、墾丁有記錄，特有生物研究保育中心也曾有一筆在彰化拾獲的傷鳥記錄。若依地緣判斷，出現在金門、馬祖的機會應該高於台灣，果然於 2016 與 2017 連續兩年的冬天有一隻白肩鵰未成鳥蒞臨金門度冬，引起台灣鳥界轟動，許多觀鳥人特地前往金門觀看與拍攝，蔚為盛事。

　　由於在台灣很不易見到，若有意觀察野外的白肩鵰，一處極佳的選擇是離台灣頗近的香港米埔保護區，該地每年冬季都有白肩鵰與花鵰共域度冬，數量雖然不多，但非常穩定易見。

　　在辨識上，白肩鵰比花鵰的體型更大，翼展可超過 2 米，可輕易排除許多其他較小的種類，但需注意與體型相近的白尾海鵰未成鳥的差異。

原始林	次生林	河湖水域	草澤溼地	草原荒地	裸岩懸崖	城鎮

何處尋覓

與花鵰相同，為曠野與疏林地帶的猛禽，也相當適應溼地，台灣本島的記錄很少，曾於河口及海邊荒地出現，春季遷移期於觀音山及大屯山區曾有記錄。離島則於金門有記錄。以其習性推斷，未來在金門出現的機率應高於台灣。

白肩鵰

Aquila heliaca

成鳥

未成鳥

停棲形態

● 成鳥雌雄同型。全身暗褐色。頭頂及後頸淡黃褐色。眼暗褐色或灰黃色，蠟膜及嘴基黃色。肩羽雜有白斑。尾灰色，具不明顯的細橫紋，末端有寬黑帶。尾下覆羽米黃色。毛足，腳黃色。翼尖達到尾端。

● 未成鳥全身淡褐色。背面覆羽有白色羽緣，飛羽黑色。腹面密布淡色縱斑。腿羽淡褐色。第 5~6 曆年達成鳥羽色。

150

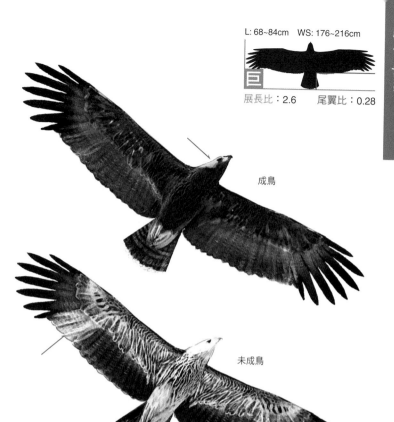

L: 68~84cm　WS: 176~216cm

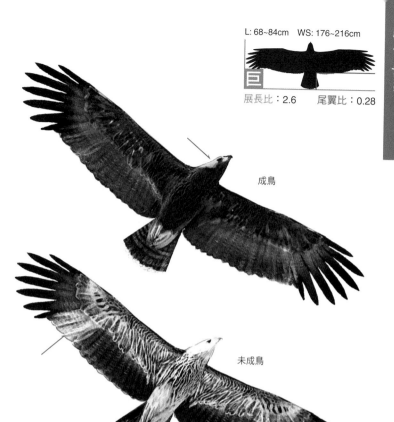

展長比：2.6　　尾翼比：0.28

成鳥

未成鳥

飛行辨識

●頭頸長。翼甚寬長，指叉 7 枚甚長。尾常半張呈短方尾。

●不論成幼，<u>頭部及後頸羽色皆甚淡</u>，於遠距離仍可見。<u>成鳥背面左右肩羽處各有一小塊白斑</u>。成鳥翼下為暗色，覆羽較飛羽色略深，飛羽上有不明顯的細橫紋。尾下覆羽米黃色，尾羽灰色，末端有寬黑帶。未成鳥的羽色隨年齡而變化，上翼面覆羽色淡，飛羽色深，可見大覆羽末端及翼後緣各有一道白帶，白色尾上覆羽明顯。腹部及下翼面覆羽色淡，密布細縱斑，飛羽色深，使翼面呈現兩截羽色。<u>初級飛羽最內 3 枚（P1~P3）顏色特別淡，形成翼窗。</u>

●滑翔時雙翼水平，或翼端略下垂。

相似種辨異

●花鵰的體型較小，頭部較短，翼較短，尾亦較短。成鳥羽色較深，尤其頭部為深色。幼鳥無明顯翼窗。

白腹鵰

Aquila fasciata Vieillot, 1822

種名源自拉丁文*fasciata*=banded，意為「有背帶的」。
學名全意為「有帶狀斑紋的鵰」

英名：Bonelli's Eagle
其他中名：白腹隼鵰、白腹山鵰
狀態：迷鳥

白腹鵰幼鳥　　　　　　　　　　　　　Michelle & Peter Wong ／攝於香港米埔

| 1 | 2 | 3 | 4 | 5 | 6 | 7 | 8 | 9 | 10 | 11 | 12 |

觀察時機

狀態為迷鳥，出現時機難以預期，但因最可能來自中國大陸，以秋冬季較有可能。

　　白腹鵰是一種足部被毛的大型猛禽，這就是英文 eagle 的典型形象。在 19 世紀鳥類分類學興起後，鳥類學家依照形態特徵將鳥類劃分出不同的屬別，其中毛足的鵰最主要的代表包括鵰屬（*Aquila*）、鷹鵰屬（*Spizaetus*）、隼鵰屬（*Hieraaetus*）。大致而言，鵰屬為體深色、無冠羽的溫帶猛禽；鷹鵰屬為富斑紋、有冠羽的熱帶猛禽；而與上述兩者都不相符者，就被擺進隼鵰屬。白腹鵰因腹部為白色，不似典型的鵰，但腹面無明顯斑紋且無冠羽，也不似典型的鷹鵰，所以長久以來被置於隼鵰屬，舊中名為「白腹隼鵰」。然而近年分子生物學發達，科學家透過 DNA 分析發現隼鵰屬與鵰屬的親緣關係非常接近，而本種更接近鵰屬，所以將牠改隸鵰屬，中名遂改稱「白腹鵰」。

　　白腹鵰的分布頗為奇特，以印度為核心區，向西零星分布至中東、南歐、北非，向東零星分布於中南半島北部、華南，神奇的是在遙遠的南洋小異他群島也有一個孤立族群。白腹鵰在各地都是留鳥，僅未成鳥有不規律的短程遷移。

　　台灣以往並無白腹鵰的記錄，2003 年知名的美籍猛禽專家 William Clark 應台灣猛禽研究會之邀前來台灣參加國際會議，會後他前往國立自然科學博物館參觀猛禽標本，發現有一隻待鑑定的大型猛禽，他一眼認出是白腹鵰，由資料得知是在台中市拾獲的，研判應是進口後逃逸的豢養個體。2014 年 12 月觀鳥人在金門目擊並拍到一隻白腹鵰，本種始成為台灣鳥類的新記錄。

　　本種的辨識並不困難，一來牠的體型相當大，二來成鳥的羽色既單純又具特色。未成鳥羽色雖然不若成鳥那麼鮮明易認，但仍具足以與其他猛禽區別的特徵。

原始林	次生林	河湖水域	草澤溼地	草原荒地	裸岩懸崖	城鎮

何處尋覓

本種為偏好荒地、多岩山區的曠野性猛禽，並不作長程遷移，也無跨海遷移的習性。離台灣最近的分布區為中國東南部，由此判斷，未來出現在台灣本島的機率很低，較有機會出現在金門、馬祖。

白腹鵰
Aquila fasciata

成鳥

幼鳥

停棲形態

● 成鳥雌雄同型。頭頂深褐色，頸側有細縱紋。眼黃色，蠟膜黃色，嘴黑色。背面深褐色，有不規則白色斑塊。喉與腹面白色，胸及腹側布有深色細縱斑，濃密程度個體不一，雌鳥通常比雄鳥濃密。脛羽褐色。尾灰色，具數道不明顯的細橫帶，<u>末端有 1 道粗黑帶</u>。毛足，爪黃色。翼尾皆長，翼尖短於尾端。

● 幼鳥頭頂至背面褐色，頭頂至後枕有細縱紋。眼褐色。腹面淡赤褐色，胸部布有深色細縱紋，腹部及腿無斑紋。尾灰色，有多道細橫帶，<u>但無末端黑帶</u>。第 4~5 曆年達成鳥羽色。

L: 55~67cm   WS: 142~175cm

鵰屬 *Aquila*

大

展長比：2.5   尾翼比：0.34

成鳥

幼鳥

飛行辨識

● 翼寬長，指叉 6 枚，後緣有淺圓突，基部略窄。尾長，收攏為略圓的方尾。
● 成鳥白色腹面明顯，翼下覆羽後緣黑色，<u>使雙翼中央形成寬黑帶</u>。飛羽灰色，翼端黑，翼後緣鑲黑邊。<u>尾末端黑帶明顯</u>。幼鳥翼下覆羽及胸部淡赤褐色，雙翼中央的黑帶很窄或缺如，尾無末端黑帶。未成鳥中間羽色多變，隨年齡腹面漸趨白色，雙翼中央黑帶與尾末端黑帶漸明顯。不論成幼，背部中央皆有白色斑塊。
● 滑翔時雙翼水平。

相似種辨異

● 東方蜂鷹體型較小，頭小頸長，腹面羽色不同，尾羽有較多道橫帶。
● 鵟屬體型較小，翼形較短圓，指叉為 5 枚，下翼面的腕斑與本種的黑帶不同，胸腹部的羽色不同。
● 白肩鵰未成體型較大，指叉為 7 枚，胸腹部及下翼面羽色不同，尾較短且為深色。

155

花鵰 | *Clanga clanga* (Pallas, 1811)

種名源自希臘文*klangos*，意為「希臘先哲亞理斯多德曾提及的某種鵰」。

英名：Greater Spotted Eagle
其他中名：烏鵰（中）
狀態：冬候鳥

花鵰幼鳥　　　　　　　　　　　　　　　　　　陳介鵬／攝於泰國碧差汶里府

1	2	3	4	5	6	7	8	9	10	11	12

觀察時機

稀有的冬候鳥，每年約只有 1、2 隻在台度冬，但通常會在度冬地穩定停留整個冬季。遷移個體的觀察則以 4~5 月遷移期間最佳。

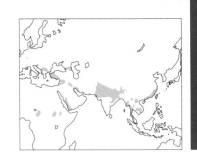

　　花鵰長久以來被視為是鵰屬的一員，直到近年分子生物學發達後，科學家經 DNA 研究認為牠有異於鵰屬的演化支系，遂另立新屬，也就是烏鵰屬。烏鵰屬僅有 3 種，其中花鵰廣布歐亞大陸北方，且遷移性強，所以台灣有機會得見，但平均每年至多也僅有 1、2 隻，甚至連續幾年的度冬記錄也可能是同樣的 1、2 隻個體所貢獻。

　　如同多數鵰屬，花鵰成鳥也有著樸實黯淡的外觀，全身深褐色，並無特別的斑紋，所以也有「烏鵰」之名。但其幼鳥全身密布白色斑紋，相當特出，這就是「花鵰」名稱的由來。在體型上，花鵰在鵰屬中並不算大，然而其姿態卻顯得頗為威武，這個印象應該是來自於其被毛的雙腿，因為粗壯的毛足予人相當有力的感覺。

　　在辨識上，花鵰幼鳥與白肩鵰有若干近似之處，需仔細判別，但不難區分。此外，花鵰成鳥的羽色及體型與林鵰近似，早期許多觀鳥人在森林見到黑色的大鵰常誤以為是花鵰，也常為拍得不甚清楚的黑色大鷹照片究竟是花鵰還是林鵰爭論不休，其實先撇開形態差異不談，兩者喜愛的棲地相當不同，花鵰偏好曠野，從不進入茂密的森林；林鵰則偏好茂密森林，從不飛至曠野，兩者棲地可謂涇渭分明。但在遷移期間花鵰有可能通過山區森林，令人誤認為林鵰，仍需小心判別。其實兩者的輪廓有很明顯的差異，尤其是尾部，並不難區分。

　　除了正常的深褐色，花鵰還有「淡色型」個體，頭及身軀都是淡褐色，比例上很稀少，台灣尚無確認記錄，但值得注意。

原始林	次生林	河湖水域	草澤溼地	草原荒地	裸岩懸崖	城鎮

何處尋覓

廣野性的猛禽，偏好棲息於溼地周遭、多裸地或短草地且人跡稀少的荒山。海拔通常低於 1000 公尺。近年於高雄中寮山、茄萣、嘉義鰲鼓有度冬記錄，似乎較偏好西南部，離島則於金門有記錄。春季遷移期於新北觀音山曾出現數次。

157

花鵰
Clanga clanga

成鳥

幼鳥

停棲形態

●成鳥雌雄同型。全身暗褐色，無斑紋。眼暗褐色，蠟膜及嘴基黃色。<u>尾上覆羽白色、尾下覆羽灰色</u>。毛足，腳黃色。翼尖達到尾端。本種有一皮黃色的淡色型（*fulvescens*），但因稀少且台灣並無記錄，在此不予詳述。

●幼鳥全身仍以暗褐色為底色，<u>但背面於肩羽、覆羽及次級飛羽末端密布極明顯的白色或米色斑列</u>，這些白斑會隨著成熟而逐漸消失。腹面於腹側與脛羽具淡色縱斑，尾下覆羽淡色。尾羽末端有窄白帶。第 5 曆年達成鳥羽色。

L: 59~71cm　WS: 157~179cm

大

展長比：2.7　　尾翼比：0.25

成鳥

幼鳥

飛行辨識

- 頭粗短，身軀粗壯。翼寬長，前緣於腕部略突出，指叉 7 枚甚長。<u>尾甚短，常打開成扇形</u>，長度僅約翼寬的 2/3。
- 成鳥全身暗色，遠看為全黑之鵰。翼下於初級飛羽基部有一新月形淡色區，背面則可見尾上覆羽形成 1 道明顯<u>白色圓弧</u>。未成鳥的羽色隨年齡而變化，幼鳥翼上至少可見大覆羽末端白色羽緣及次級飛羽末端白色羽緣所形成的 2 道明顯白帶，而中覆羽及小覆羽亦有程度不一的白帶，使翼上可多達 3~4 道白帶。翼下覆羽的顏色較飛羽略深，兩者交接處有程度不一的白斑。<u>白色尾上覆羽仍很明顯</u>，尾羽末端有窄白帶。翼下覆羽淡色，隨成熟漸深。
- 滑翔時雙翼基部略上提，翼端略下垂，呈淺 M 形。

相似種辨異

- 林鵰的體型與羽色近似，但尾較窄長，翼的基部較窄，翼面水平而指叉上翹明顯。
- 白肩鵰體型稍大，頭部色淺。飛行時頭、翼及尾皆較長。未成鳥有翼窗。

159

靴隼鵰

Hieraaetus pennatus
(Gmelin, 1788)

種名源自拉丁文 *pennatus*=feathered，意為「有羽毛的」。學名全意為「腳上有羽毛的隼鵰」

英名：Booted Eagle
其他中名：靴鵰
狀態：迷鳥

出現於金門的新記錄猛禽淡色型靴隼鵰 洪廷維／攝

1	2	3	4	5	6	7	8	9	10	11	12

觀察時機

因狀態為迷鳥，出現時機難以預期，但最可能為來自北方的遷移個體，以秋冬季的機率較高。

　　靴隼鵰是晚近才發現的台灣新記錄種，多數觀鳥人對此鳥名相當陌生。隼鵰屬（*Hieraaetus*）包含幾種足部被毛，但體型比鵰屬（*Aquila*）略小的猛禽。雖然名為隼鵰，其實與隼並沒有親緣關係，但本屬成員的翼形確實比鵰屬略為窄尖，飛行也更敏捷些。19 世紀德國博物學家 Kaup 氏倡立此新屬時，採用了 *hierax* 與 *aetos* 這兩個希臘字根來組成 *Hieraaetus* 這個屬名，*hierax* 譯成「隼」最恰當，而 *aetos* 譯成「鵰」殆無疑問，所以本屬的中名就譯為「隼鵰」。然而，近年科學家透過分子生物學的研究，發現隼鵰屬與鵰屬的親緣關係非常接近，有些成員甚至從隼鵰屬改隸鵰屬，例如白腹鵰。靴隼鵰如果未來也被移至鵰屬，那麼中名就應改為「靴鵰」，但目前既然置於隼鵰屬，「靴隼鵰」仍是最合理的中名。

　　靴隼鵰的分布相當廣，其繁殖地從最東邊的蒙古北方，往西經中亞、西亞、南歐、直到北非，尚有一個孤立的繁殖地在南非的最南端，與其他繁殖地相隔 7000 公里。繁殖於歐亞大陸的族群都會遷移至印度與非洲度冬，所以本種是卓越的長程遷移者。然而，即使繁殖地加上度冬地的範圍極為遼闊，卻都遠離東南亞，遑論台灣。台灣以往並無靴隼鵰的記錄，直到 2018 年 1 月蔡志遠等幾位觀鳥人在金門縣烈嶼目擊並攝得一隻淡色型靴隼鵰，本種始成為台灣鳥類的新記錄。

　　本種的辨識不算太困難，但需注意牠有兩種色型，淡色型因黑白對比明顯，較易辨認；深色型的腹面特徵減少，較難辨認，此時看清背面的特徵及肩部的白斑變得非常重要，這在台灣猛禽的辨識上是較少見的案例。

原始林	次生林	河湖水域	草澤溼地	草原荒地	裸岩懸崖	城鎮

何處尋覓

本種的棲地頗為多樣化，大致偏好疏林與荒地交錯的曠野，雖具長程遷移能力，但不見得有跨越寬廣海域的意願，且南遷路徑偏向西方，由此判斷，出現在台灣本島的機率很低，出現在金門、馬祖的機率較高。

靴隼鵰

Hieraaetus pennatus

淡色型

深色型

停棲形態

● 成鳥雌雄同型。有2種色型。淡色型：頭頂及後枕皮黃色，具細縱紋，臉深色。眼暗褐色，蠟膜黃色。背面褐色，飛羽黑色，翼上覆羽的淡色區塊大而明顯。尾灰色。腹面及脛羽米白色，喉頸及胸側有細縱紋，但濃密程度個體不一。深色型：背面同淡色型，但腹面深褐色，具細黑縱斑，脛羽較淡。毛足，趾黃色。翼尾皆中等長，翼尖略短於尾端。

● 幼鳥與成鳥極相似，僅頭部較為紅棕色。

L: 42~51cm　WS: 113~138cm

大

展長比：2.7　　尾翼比：0.31

淡色型

深色型

飛行辨識

- 翼長，中等寬，前後緣平直，指叉 6 枚。尾長，收攏為方尾，打開成扇形。體型與輪廓似東方蜂鷹，但頭頸粗短。

- 背面：飛羽及尾羽黑色，而頭頂、後枕、中覆羽的寬帶、肩羽、U形尾上覆羽為淡皮黃色，兩者形成明顯對比。雙翼前緣基部各有一明顯白斑塊。

- 腹面淡色型：胸腹部及翼下覆羽為白色，與黑灰色的飛羽形成明顯對比。深色型：胸腹部及翼下覆羽為深褐色，下腹部及脛羽可能稍淡。尾灰色，末端有一道不明顯的黑帶。初級飛羽內側（P1~P4）羽色較淡，形成翼窗。

- 滑翔時雙翼於腕部略上舉，翼端略下垂，指叉上揚。

- 東方蜂鷹體型近似，但頭小頸長，飛羽有條紋，尾羽有較多道橫帶。
- 魚鷹與本種淡色型羽色近似，但體型較大，翼較狹長，尾較短。
- 黑鳶與本種深色型羽色近似，但體型較大，尾為凹尾，腳灰色。

163

魚鷹 | *Pandion haliaetus* (Linnaeus, 1758)

種名源自希臘文 *halo*=sea=海、*aetos*=eagle=鷹，意為「海邊的鷹」。學名全意為「一位雅典國王的女兒所化身的海鵰」

英名：Osprey
其他中名：鶚
狀態：冬候鳥

懸停尋覓魚蹤的魚鷹   林文宏／攝

1	2	3	4	5	6	7	8	9	10	11	12

觀察時機

冬候鳥，於 9~5 月間可見，度冬狀況穩定，4~5 月間陸續北返，但少數個體在夏季仍可見，推測是尚不繁殖的未成鳥。全天候，不畏陰雨寒冷等不良天氣，終日皆可飛行。遷移期在猛禽遷移調查點不難見到遷移中的個體，通常單獨遷移，偶爾兩隻鬆散地前後同行。

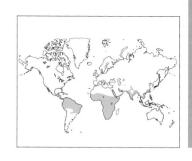

　　若要找出最「親水」的猛禽，非魚鷹莫屬。魚鷹不僅完全以魚為食，且是世界上唯一可以全身沒入水中抓魚的猛禽。牠的族群數量於各地都尚稱普遍，性不畏人，相較於大多數獵食過程甚為隱密的猛禽，人們要欣賞魚鷹入水抓魚的精采畫面並不難，是觀鷹人可以期待、也最值得觀賞的猛禽生態景象之一。

　　魚鷹與遊隼被並列為世界上分布最廣的鳥類，全球各大洲都可見。其中有些族群繁殖於熱帶，台灣在夏季仍可見少數魚鷹，多年來人們常懷疑是否已在台繁殖？少數作者錯誤引用日治時期文獻的隻字片語，以為魚鷹早年曾有繁殖記錄，其實從無證據。但隨著全球氣候劇烈變遷，或許魚鷹在台繁殖會有實現的一天。

　　魚鷹的羽色黑白分明，與其他猛禽在外觀上相當不同，其辨識並無困難之處。飛行時兩翼狹窄折屈，且自兩翼基部上提，末端下垂，自正前方看形似 M 形，所以觀鷹人常戲稱為「麥當勞」，頗能點出魚鷹翼形的神韻。其實這些形態特徵都類似海鳥，是在水域生活的鳥類的趨同演化。

　　在飛行氣質上，魚鷹在穩重中帶有動感，覓食時在空中常以固定的路線耐心來回低頭巡弋，且經常性地鼓翼，一旦發現目標，立即減速轉身降低高度，短暫懸停鎖定目標位置後，垂直俯衝入水抓魚。魚鷹的個性很溫和，領域性不強，在魚源豐富的水域經常有數隻共域生活，各自努力獵食，並不會掠奪他鷹抓到的魚。

　　魚鷹不常鳴叫，飛行時偶爾發出輕柔的「丟丟丟」數聲短促連音。

原始林	次生林	河湖水域	草澤溼地	草原荒地	裸岩懸崖	城鎮

何處尋覓

棲息於有豐富魚源的水域旁，包括溪河、湖埤、魚塭、水庫、海岸、離島等，雖大多在平原低地，但山區水域亦可見，例如日月潭。性不畏人，水域旁即使嚴重開發也無明顯衝擊，但不會到汙染嚴重的水域覓食。常在水域淺灘或岸旁的立樁、蚵架、漂流木、石堆等突出物停棲休息，很容易尋獲。抓到魚後常飛至附近山丘高處的大枯樹上進食，這類地點值得觀鷹人搜尋。

魚鷹

Pandion haliaetus

♀ 成鳥

♂ 成鳥

停棲形態

● 成鳥雌雄同型。全身大致為黑白兩色。<u>頭白色</u>，蠟膜暗藍灰色，眼黃色，黑褐色的眼後線連至後頸，額有若干黑褐色細縱紋。後頸、背部、翼及尾羽均為深褐色。尾羽有多道褐白相間的橫帶，在各羽內瓣較明顯，合攏時不顯。<u>腹面白色</u>，胸部有褐色縱紋，密布形成 1 道胸帶，雌鳥通常較為寬黑明顯，但非絕對。裸足，足青灰色，腳底密布特化的刺棘。翼長尾短，翼尖達到或略超過尾端。

● 幼鳥似成鳥，但眼橙色，背面有淡色羽緣，形成許多白斑。第 3 曆年達成鳥色。

L: 56~62cm　　WS: 147~169cm

大

展長比：3.0　　　　尾翼比：0.26

飛行辨識

●翼甚窄長，指叉 5 枚，常弓翼。尾短。

●遠觀全身僅黑白兩色。背面深褐近黑，僅頭頂白。<u>腹面及翼下覆羽形成的白色三角形甚明顯</u>，尤其雄鳥此三角形區域通常甚潔白，雌鳥則於翼下覆羽略有黑紋，但非絕對。

●飛行時雙翼於基部上揚，末端下垂，呈 M 形。常鼓翼，鼓翼快而淺。

相似種辨異

●鵰屬雄鳥亦為黑白兩色，但體型較小，尾較長，羽色明顯不同。

●白腹海鵰體型較大，翼較寬。頭全白，無黑色眼後線。尾白色。

●栗鳶僅腹面白色略似，其餘部分為紅棕色，羽色截然不同。

167

黑鳶

Milvus migrans (Boddaert, 1783)

種名源自拉丁文 *migrans*＝migratory，意為「遷移的」。
學名全意為「會遷移的鳶」

英名：Black Kite
其他中名：老鷹、厲鷂（台俗）、麻鷂（台俗）、麻鷹（香港）
狀態：留鳥

黑鳶成鳥　　　　　　　　　　　　　　　　　　　　　　　林文宏／攝

1	2	3	4	5	6	7	8	9	10	11	12

觀察時機

終年可見，具卓越的滑翔能力，即使在陰雨天氣仍可輕易飛行活動，全天候、終日可見飛行。冬半年有集體夜棲的習性，黃昏時會先聚集在夜棲地點的上空，成群來回飛翔，此即黑鳶的「黃昏聚集」，是極少數黃昏仍為極佳觀察時機的猛禽。

　　黑鳶廣布於歐亞大陸，大多居於平原與人類聚落旁，以各種小動物及其死屍、人類產生的食餘、有機垃圾為食，擔任著自然界與農村清道夫的角色，被認為是全世界數量最多且最親近人的猛禽。台灣早年亦曾廣泛分布於全島，是台灣先民最熟悉的猛禽，一般平地居民所稱的「老鷹」指的就是牠。然而於 1980 年代各地族群突然銳減，許多地區甚至完全絕跡，1990 年以後已成為分布極為侷限的受脅鳥種。近年的研究顯示黑鳶族群的劇減與農村濫用農藥與毒鼠藥有很大的關係，可見黑鳶不僅扮演清道夫的角色，更以生命的代價來為人們發出土地問題的警訊。

　　在辨識上，黑鳶因有獨特的凹尾特徵，在台灣無其他猛禽相似，因此毫無困難。然而，除了辨識，黑鳶還有許多值得觀察的特點，例如牠的飛行甚為靈巧，滑翔能力甚佳，常在低空滑翔並輕盈地掠過地面或水面以雙爪掠食食物；牠也是少見很愛玩遊戲的猛禽，常在空中將食物或樹枝拋下再翻身接住；此外，黑鳶在繁殖期以外的季節有很強的群居性，常數十隻共同覓食與夜棲，是台灣猛禽中唯一具真正群居性的猛禽。上述這些行為習性都可幫助我們自遠距離認出黑鳶。

　　黑鳶是頗好鳴叫的猛禽，單獨活動時較少鳴叫，但在繁殖期及群居期個體間互動頻繁時常發出似「飛歐～」的鳴聲，尾音拖長並顫抖多下。這個鳴聲很常出現在日劇、韓劇、陸劇裡野外場景的配音。

原始林	次生林	河湖水域	草澤溼地	草原荒地	裸岩懸崖	城鎮

何處尋覓

早年曾是全台普遍的留鳥，現今只有北海岸及東北角、淡水河流域、曾文水庫、屏東沿山地區等少數地區可見。喜愛在水域覓食，包括港口、溪河、水庫、魚塭、山區溪床等，也喜愛至山區的垃圾掩埋場覓食。分布海拔大多在 1000 公尺以下，僅偶爾例外。於山區無人干擾的樹林夜棲，冬半年有群棲習性。

黑鳶
Milvus migrans

成鳥

幼鳥

停棲形態

● 成鳥雌雄同型。全身大致深褐色。頭深褐色，眼後的羽色較深，形成耳斑狀。眼暗褐色，眼先灰色，蠟膜灰色。背部暗褐色，肩羽及覆羽的羽緣淡色，形成許多白斑。腹面棕褐色，各羽的羽軸色深而羽緣色淺，形成不甚明顯的深淺交雜縱紋。尾羽黑褐色，<u>中央內凹，呈魚尾形</u>。裸足，足灰色。翼尾皆長，翼尖甚接近尾端。

● 幼鳥羽色似成鳥，但背面<u>肩羽及覆羽的白斑更大塊，腹面密布白色縱紋</u>。第2曆年達成鳥羽色。

L: 58~69cm　WS: 157~162cm

大

展長比：2.6　　尾翼比：0.34

成鳥

幼鳥

飛行辨識

●翼窄長，指叉 6 枚長而明顯。尾長，收攏時凹尾明顯，但全張時呈三角形。
●全身深褐色，僅初級飛羽基部有明顯的白斑。幼鳥腹面的白色縱斑較明顯。
●雙翼水平。直線滑翔時經常弓翼。飛行輕巧，常於原地翻身俯衝。

相似種辨異

●魚鷹常與黑鳶共域活動，其背部羽色近似，但雙翼更窄長，頭頂及腹面白色明顯，尾較短且非凹尾。
●鷂屬雌鳥背部羽色略似，但體型較小，腹面羽色不同。雙翼更窄。尾非凹尾。飛行時雙翼上揚。
●栗鳶幼鳥羽色略似，但體型較小，尾較短且為圓尾，腳淡黃色。

171

栗鳶

Haliastur indus (Boddaert, 1783)

種名源自拉丁文 *indus*=Indian，意為「印度的」。
學名全意為「印度海邊的鷹」

英名：Brahminy Kite
其他中名：紅鷹
狀態：迷鳥

出現於澎湖的栗鳶

鄭謙遜／攝

1	2	3	4	5	6	7	8	9	10	11	12

觀察時機

因狀態為迷鳥，出現時機難以預期，可能終年都有機會。

　猛禽的世界裡，光鮮亮麗的外表從來不是必需的，紅、黃、藍、綠等其他鳥類常有的鮮豔羽色，與猛禽可說完全絕緣。然而，有一種鮮明的羽色，在猛禽身上倒是不算罕見，那就是白色。例如矛隼、白腹海鵰、鳥鵰、黑翅鳶、燕尾鳶等，身上都有令人驚豔的純白羽色，牠們都屬曠野性的猛禽，既然已身處曠野，無處可隱藏，或許白色就不致成為曝露行蹤的缺點了。但上述猛禽都是白色配上黑灰色，卻有一種白色＋紅棕色的更鮮豔者，那就是栗鳶。

　栗鳶分布於印度、華南、東南亞及澳洲等溫暖地帶，個性非常親水，以海岸、島嶼、河口、紅樹林等濱海環境為主要棲地。食性廣泛，一方面食取死魚、路殺的動物屍體、垃圾堆的食餘等，如黑鳶般扮演大自然清道夫的角色，但另一方面也有能力獵殺許多活的小動物。

　台灣早年並無栗鳶記錄，直到 1988 年首度有觀鳥人在蘭陽溪口目擊，且那個年代台灣鳥商或養鷹人自國外引進猛禽的狀況很普遍，該記錄無法排除飼鳥逸出的可能。直到 2006 年屏東滿州及 2007 年澎湖興仁水庫先後出現，栗鳶始被列入台灣鳥類的新記錄。

　在辨識上，誠如文初所述，栗鳶成鳥的羽色鮮明，在光線良好的情下毫無誤認的可能。唯一可能的混淆是在遠距離且光線不佳的情況下，誤認為白腹海鵰，但兩者除了都是白頭外，其餘部分有很大差異。然而，栗鳶幼鳥的羽色與成鳥截然不同，非常黯淡無特徵，且與白腹海鵰的未成鳥及黑鳶都有部分相似，並不易立即認出，尤其是在停棲狀況下，此時最好等牠飛起，一旦到了空中，從體型大小、尾羽形狀就可清楚確認了。

原始林	次生林	**河湖水域**	草澤溼地	草原荒地	裸岩懸崖	城鎮

何處尋覓

本種非常親水，覓食亦在水域周遭，尤其偏好海濱或離海不遠的河湖、水庫，台灣過去僅有的 3、4 筆記錄皆符合這個特性。未來若有機會再出現，以台灣南部近海地區或離島的機率較高。

栗鳶
Haliastur indus

成鳥

幼鳥

停棲形態

●成鳥雌雄同型。全身僅純白與紅棕兩色，鮮明易認。<u>頭頸及胸白色</u>，布有黑<u>細縱紋</u>，但遠看並不明顯。眼暗褐色，蠟膜淡黃色，嘴灰色略帶黃色。<u>背面、翼、上尾面及腹部紅棕色</u>。翼端黑色。下尾面淡棕色。裸足，腳淡黃色。翼尾短，翼尖略超過尾端。

●幼鳥<u>全身汙褐色，頭頸及腹面褐色較淡且密布白色細縱紋</u>，翼上覆羽具淡色斑。第2曆年（12~15月齡）達成鳥羽色。

174

L: 44~52cm　WS: 110~125cm

中

展長比：2.4　　尾翼比：0.27

成鳥

幼鳥

飛行辨識

- 翼中等長，指叉 6 枚明顯，常略弓翼。尾略短，圓尾，收攏仍為圓弧形。
- 成鳥白色的頭胸極明顯，餘皆為紅棕色，飛羽及尾羽紅棕色較淡，翼端黑色。幼鳥全身汙褐色，翼端黑色，初級飛羽基部有 1 塊白色翼窗。
- 盤旋與滑翔時雙翼略上揚，經常略弓翼，也經常鼓翼。

- 白腹海鵰體型較大，成鳥腹面的白色廣及翼下覆羽，飛羽全為黑色，尾為白色且為楔形。幼鳥的羽色略似，但腹面較淡，尾為楔形。
- 黑鳶與本種幼鳥羽色近似，但體型更大，尾較長且為凹尾，腳灰色。

175

大鵟

Buteo hemilasius
Temminck & Schlegel, 1844

種名源自希臘文 *hemi*=half=半、*lasios*=hairy=被毛的，意為「一半被毛的」。學名全意為「足部一半被毛的鵟」

英名：Upland Buzzard
狀態：冬候鳥

大鵟成鳥　　　　　　　　　　　　　　　　　陳金對／攝於中國內蒙古

1	2	3	4	5	6	7	8	9	10	11	12

觀察時機

台灣於 2004 年才出現的新記錄種，當年出現多筆記錄，多數在 1~2 月間，但也有 1 筆在 7 月。應是寒冬才會來台的冬候鳥，但其遷移模式可能並不規律。不畏溼冷強風等惡劣天氣，整天都可見飛行覓食。

　　鵟屬多數是中型或較小的大型猛禽，而大鵟正如其名，是鵟屬中最大的 1 種，其體型已接近鵰屬，氣勢上勝過其他鵟。大鵟分布於蒙古、西藏一帶的乾燥地帶，具有遊牧式的不規則遷移習性，會南遷至華南。台灣以往並無記錄，至 2003 年中部某機場首度出現 1 隻中網死亡的記錄，不久於 2004 年 1 月由蔡志遠等人於嘉義鰲鼓首度目擊野外記錄，2005 年冬季亦於多處被記錄到。然而之後十餘年記錄又變得很少，可見牠是很不規律的候鳥。

　　猛禽中，鵟屬是最常有多色型現象的屬，也就是同一種鵟有些個體是淡色型、有些是深色型。有時甚至不是規律的二分法，而是從很淡到很深的各種變化都有。因為羽色的多變，使得鵟屬在辨識上常令人困擾。台灣有記錄的 3 種鵟，也都有多色型現象，因此建議觀鷹人辨識鵟屬時不宜以羽色深淺做為依據，比對圖鑑時也應謹記：野外所見個體的羽色深淺與圖鑑有差異是正常的。

　　大鵟也是如此，有淡色型也有深色型，停棲時並不易與其他鵟區分。建議等牠起飛，此時就可看出牠體型頗大、有鵟屬少見的長翼，更重要的特徵是尾部的不均勻紋路及潔白的翼窗，這兩點是其他 2 種鵟所沒有的。其中潔白的翼窗從上翼面看依然明顯，不像其他 2 種鵟僅有下翼面較白，可做為遠距離的辨識特徵。

　　大鵟的個性溫馴且慵懶，常於明顯的地點停棲甚久。然而一旦升空，其飛行相當靈巧迅捷，即使在陰冷、強風的不佳天候中仍能輕易飛行活動。

原始林	次生林	河湖水域	草澤溼地	草原荒地	裸岩懸崖	城鎮

何處尋覓

於北方棲息於乾燥的草原、高原、沙漠等大型曠野。台灣目前所知記錄皆為短期出現，出現的環境包括河口、溼地、海岸、近海的農田等。

大鵟
Buteo hemilasius

淡色型

停棲形態

●成鳥雌雄近似。有 2 種色型。淡色型：頭乳白色，眼淺黃色、近白色或黃色，蠟膜黃綠色，眼後線不明顯或缺如。前後頸皆有若干褐色縱紋，後頸縱紋色較深，形成深色斑塊。背部淺褐色，覆羽羽緣淺色，形成白斑狀。喉部有黑色縱紋，胸部乳白色，腹側及脛羽深褐色。尾淡皮黃色或乳白色，其上有 3~8 道褐色細橫帶，愈接近末端愈深而明顯、愈接近基部則愈白而不顯，尾上覆羽深褐色。深色型：全身羽色大致為深褐色，但尾部同淡色型。裸足（但跗蹠上半部被毛），足黃色。翼尖接近尾端。

●未成鳥眼褐色。背部羽色較深。腹面有較多縱紋。尾部較偏褐色，橫帶更明顯。第 3 曆年達成鳥羽色。

178

L: 57~67cm　WS: 143~161cm

大

展長比：2.5　　　尾翼比：0.34

淡色型

飛行辨識

● 身軀粗壯，翼寬長、指叉 5 枚中等長，尾亦長，輪廓已無鵟「圓胖」感覺，體型與蛇鵰相近，是台灣鵟屬中體型最大的一種。

● 腕斑明顯，翼端黑色，初級飛羽基部潔白無紋，形成明顯翼窗，上翼面亦可見。翼下覆羽有多寡不一的細縱紋。尾羽常張開成扇形，色淡，其上可見 3~8 道不均勻的褐色細橫帶，自尾端至基部由深漸淡，使得尾羽基部顯得較白，淡色型可見尾上覆羽較背部色深。

● 盤旋或滑翔時雙翼略上揚呈淺 V 形。

相似種辨異

● 東方鵟體型較小。翼較短圓，白色翼窗不若本種明顯而潔白。尾的橫帶不明顯且均勻分布，上尾面為褐色。

● 毛足鵟體型較小。無明顯白色翼窗。尾白，末端有粗黑帶。毛足。

179

毛足鵟

Buteo lagopus (Pontoppidan, 1763)

種名源自希臘文 *lagos*=hare=野兔、*pous*=foot=足，意為「足似野兔的」。學名全意為「足似野兔般被毛的鵟」

英名：Rough-legged Buzzard
其他中名：毛腳鵟（中）
狀態：冬候鳥

毛足鵟西伯利亞亞種　　　　　　　　　　　　　鄧光宇／攝於中國黑龍江省

1	2	3	4	5	6	7	8	9	10	11	12

觀察時機

稀有的冬候鳥，數年才有一次記錄，理論上於 10~4 月間可見，但以 12~1 月寒冬時出現的機率較高，3~4 月間在台灣北部偶見北返的遷移個體。合歡山區曾有數筆夏季出現的記錄。

180

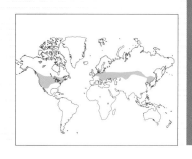

　　毛足鵟廣布於整個北半球的北部，在猛禽中以分布至相當高緯度而聞名，是極少數能生活在北極圈內的猛禽。因為生長於寒帶，其足部（跗蹠）演化為被毛，與多數鵟屬不同，為其最大特徵與名稱由來。

　　毛足鵟相當適應寒帶氣候，照理說冬季無需長程南遷，然而因為牠的主食為旅鼠及田鼠，這些囓齒動物每隔數年會發生族群數量劇烈消長的現象，當豐年時毛足鵟會產下更多子代，但接著鼠類數量銳減的「荒年」就會迫使許多毛足鵟不得不南遷到較南的區域度冬。台灣位於毛足鵟正常度冬範圍的更南方，因此每隔數年才有一筆偶發的記錄。意外抵台的個體通常會選擇在平原溼地度冬，這與牠北方的荒漠環境較像。但1980年代至今也曾有多筆在合歡山區出現的記錄，雖然有些證實是東方鵟的誤認，但仍有不少筆確定的記錄，或許低溫的環境也是吸引牠的重要因素。

　　在辨識上，雖然毛足是最可靠的特徵，但若因距離遠不易看出時，應以尾部的羽色做為辨識特徵。根據日治時期的資料，毛足鵟在台灣有2亞種的記錄，以西伯利亞亞種（*B. l. menzbieri*）較多，而勘察加亞種（*B. l. kamtschatkensis*）則甚稀有。後者整體羽色較黑。

　　在飛行氣質上，毛足鵟比東方鵟的翼稍長，鼓翼更慢而深，飛行顯得更穩重，加上雙翼上揚的飛行方式，使牠在低空飛行時略似鷂屬，尤其溼地亦為毛足鵟偏好的棲地，與鷂屬有共域出現的可能，因此需留心與鷂屬的區別。在停棲點的選擇上，鵟屬很常利用電線桿停棲休息，但鷂屬從不利用，這也是兩屬的明顯差異之一。

原始林	次生林	河湖水域	草澤溼地	草原荒地	裸岩懸崖	城鎮

何處尋覓

本種在北方生活於苔原、湖沼周遭等廣大的荒原，來台度冬者所選擇的棲地有高低兩極化的現象，在低處選擇近海的溼地曠野，例如新北金山溼地；在高處則選擇高山草原，例如合歡山區。台灣還有不少鳥況很好的溼地，未來應該有機會出現。

毛足鵟
Buteo lagopus

♀西伯利亞亞種

勘察加亞種

停棲形態

●成鳥雌雄近似。有 2 亞種。西伯利亞亞種：頭乳白色，頭頂有若干褐色細縱紋，有細眼後線，眼暗褐色或黃色，蠟膜黃色。背部淡褐色或褐色，覆羽羽緣淡色，形成許多白斑。雄鳥喉至上胸部色深，腹部較淡；雌鳥喉至上胸部色淡，腹部較深。尾白色，末端有 1 道黑色粗橫帶，雄鳥通常於其內尚伴隨 2~3 道細橫帶，雌鳥則無或僅伴隨 1 道細橫帶。勘察加亞種：全身羽色偏黑。頭部有許多乳色縱紋。背面各羽黑色而羽緣白色，形成強烈的黑白斑駁紋路。毛足，腳黃色。翼尖接近尾端。

●未成鳥羽色似雌成鳥，但眼淡灰色或黃灰色。尾端橫帶為淡褐色。第 3 曆年達成鳥羽色。

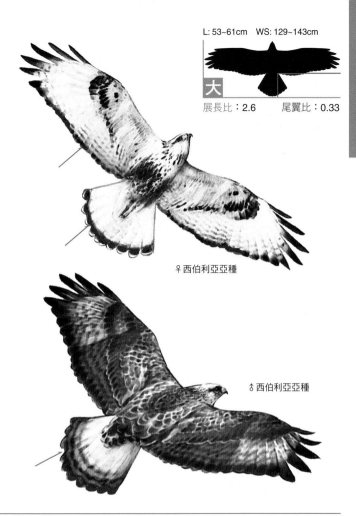

L: 53~61cm　　WS: 129~143cm

大

展長比：2.6　　　尾翼比：0.33

♀西伯利亞亞種

♂西伯利亞亞種

飛行辨識

● 輪廓仍為典型的鵟屬，頭粗短，翼寬、指叉 5 枚中等長，但翼及尾都比東方鵟略長，因此東方鵟的「圓胖」感覺在本種已不明顯。

● 黑色腕斑明顯。尾羽白色與末端黑帶對比明顯，尤自上尾面角度觀之更明確。翼後緣鑲黑邊。雄鳥翼下覆羽具細斑紋，有 1 較小且雜有斑紋的黑色腕斑，尾末端黑橫帶較多道；雌鳥翼下覆羽潔淨無紋，有 1 較大的黑色腕斑，尾末端黑橫帶較少道。未成鳥翼後緣鑲邊及尾端橫帶為淡褐色。

● 盤旋或滑翔時翼基上提呈淺 V 形。會於低空懸停。

相似種辨異

● 東方鵟體型近似，但翼稍短圓。上尾面非白色，尾無明顯末端黑帶。裸足。

● 大鵟體型較大，翼較長，翼窗潔白。尾有多道窄黑帶，但無明顯寬黑帶。裸足。

● 鵟屬體型較小，翼與尾皆較窄長，無腕斑。羽色明顯不同。裸足。

東方鵟 *Buteo japonicus*
Temminck & Schlegel, 1844

種名源自拉丁文 *japonicus*=Japan，意為「日本」。學名全意為「日本的鵟」

英名：Eastern Buzzard
其他中名：東亞鵟、鵟、普通鵟（中）
狀態：冬候鳥、留鳥

東方鵟成鳥　　　　　　　　　　　　　　　　　林文宏／攝

1	2	3	4	5	6	7	8	9	10	11	12

觀察時機

冬候鳥於 10~3 月可見，遷移個體則於 3~5 月間可見。在北海岸及東北角曾有極少數繁殖記錄，因此在這一帶夏季仍偶可見。幾近全天候，具有良好的御風能力，在強風的天氣仍可見其飛行覓食。

　本種以往曾被視為鵟（或稱「普通鵟」，*Buteo buteo*）的一個亞種，鵟的分布甚廣，東起日本，橫跨整個歐亞大陸北方，西抵不列顛群島，可說是歐亞兩洲最普遍的猛禽。近年科學家透過分子生物學技術重新分類，將鵟拆成3個獨立種，其中分布於東亞的族群就是現稱的「東方鵟」。

　東方鵟在台灣是不普遍的冬候鳥，僅有極少數地點有穩定的度冬者。推究其原因，一來是因台灣地狹人稠，適合牠的大片荒地已愈來愈少；二來鵟屬都嗜食田鼠，台灣的農田過去毒鼠藥使用甚多，可能已導致某些鵟遭遇不測，來台的族群量自然日益減少。現今國人漸趨重視環保，毒鼠藥的使用已大幅限縮，希望這樣善待土地的措施能使未來鵟屬的數量增加。

　在辨識上，鵟屬明顯的腕斑使牠與他屬猛禽很容易分辨，但屬內的3種鵟彼此相似，加上個體羽色多變，分辨時需小心。東方鵟的羽色自很淡到很深都有可能，有些書將牠分為「淡色型」與「深色型」，但實為連續性變化。在台灣所見的東方鵟大多屬淡色系。此外，東方鵟的體型大小與東方蜂鷹近似，後者也是羽色多變，春季遷移期兩者常同時出現於遷移路徑上，分辨需小心。東方鵟的飛行相當多樣化，在暖和的天氣常升空盤旋，氣質穩重，與一般大型猛禽無異。但在強風之下具有相當靈活的御風能力，常在低空懸停覓食，是極少數很常懸停的大型猛禽，可做為遠距離識別的行為依據。

　度冬的東方鵟單獨生活，但春季北返時常集結成 3~4 隻的鬆散小群，在台灣北端的觀音山偶爾可見 10 隻以上的群體。

| 原始林 | 次生林 | 河湖水域 | 草澤溼地 | 草原荒地 | 裸岩懸崖 | 城鎮 |

何處尋覓

棲息於有疏林的荒地、旱田、溼地，於裸地或短草地上覓食，停棲於林緣枝頭或電桿頂休息，居於海岸線者常停於懸崖上。多數分布在平原或淺山，但高海拔仍偶有記錄。台灣曾有度冬記錄的地點雖不少，但年間並不穩定。較穩定的地點是嘉義鰲鼓。外島於金門、馬祖、澎湖皆可見，金門尤為穩定。大屯山區終年可見，但數量尤少。春季遷移期於苗栗通霄及新北觀音山很容易見到北返的個體。

東方鵟
Buteo japonicus

停棲形態

●成鳥**雌雄**近似。頭部及背部褐色。臉頰、喉及頸側有若干褐色縱紋，喉部暗褐色，<u>有眼後線及頰側線</u>，眼暗褐色，蠟膜黃灰色。嘴小。腹面淡皮黃色，胸部有若干縱紋，腹部有深色斑塊，於腹側更明顯。脛羽可為淡色、深色、或具縱紋。上尾面褐色、下尾面米黃色，<u>有多道不明顯的淡褐色細橫帶</u>、末端帶稍明顯，<u>或為純色無紋</u>。裸足，足黃色。翼尖接近尾端。

●幼鳥羽色大致似成鳥，但眼淡黃色或淡褐色。胸側有較多粗縱紋。尾部更淡且細橫帶較明顯，無末端帶。第 2 曆年達成鳥羽色。

L: 50~60cm　　WS: 122~137cm

大

展長比：2.6　　　尾翼比：0.33

飛行辨識

● 頭粗短。翼寬，指叉 5 枚中等長。尾常張開成扇形。整體輪廓感覺「圓胖」。

● 腕斑明顯，翼端黑色。腹部有 1 道粗橫帶。尾羽色淡，成鳥無明顯橫帶，幼鳥細橫帶稍明顯。幼鳥初級飛羽基部色淡，形成不甚明顯的翼窗。

● 盤旋或滑翔時翼基上提呈淺 V 形。覓食時會於低空懸停。

相似種辨異

● 東方蜂鷹體型近似，但頭部細長，尾有明顯橫帶。飛行時雙翼水平。

● 毛足鵟體型稍大，羽色更白，尾末端粗橫帶明顯。毛足。

● 大鵟體型較大。翼較長，翼窗甚白。尾較白，且細橫帶僅於末端明顯。

東方澤鵟

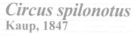

Circus spilonotus
Kaup, 1847

種名源自希臘文 *spilos*=spot=斑點、*notos*=back=
背，意為「背部有斑點的」。
學名全意為「背部有斑點的鵟」

英名：Eastern Marsh-Harrier
其他中名：澤鵟、東方澤鵟、白腹鵟（中）、埔鷹（恆春）
狀態：冬候鳥、過境鳥

東方澤鵟大陸型（黑頭型）雄成鳥

劉川／攝

1	2	3	4	5	6	7	8	9	10	11	12

觀察時機

度冬者於 10~3 月間可見，但數量很少，僅侷限於少數地區。春秋季遷移期見
到的機會較高，於各主要遷移調查點都有機會見到，但以 9~10 月間於墾丁地
區的機率最高。本種不畏惡劣天候，於強風、陰雨等天氣仍可見飛行，全天
候，終日皆活動，可活動至暮色昏暗才落入草地夜棲。

188

　　本種在台灣早期文獻習稱「澤鵟」，但因牠為鷂屬，稱為「澤鵟」易與鵟屬混淆，因此本書改採其舊有中名「澤鷂」。近年的分類拆為東方澤鷂與西方澤鷂兩種。

　　東方澤鷂廣布於亞洲北方，冬季至南方度冬，台灣也在其度冬範圍內。牠偏好在草澤溼地上獵食，這類環境台灣早期頗為普遍，各大溪河接近出海口都有。以台北而言，1980 年之前市郊的關渡與五股處處可見大片蘆葦原，冬季很容易見到東方澤鷂的身影，然而隨著開發日密，這些人們眼中無用的「荒地」最終都難逃水泥化的命運，來台的東方澤鷂自然逐年減少，至今全台僅剩極少數溼地可見。從一種鳥的族群興衰，清楚看出台灣溼地的縮減，令人惋惜。

　　台灣 4 種鷂屬猛禽中以本種最常見，鷂屬的記錄十之八九為本種，然而本種在辨識上仍有不少令人困擾之處，原因來自於不同族群間羽色的多樣化，觀鷹人可能見到許多看起來不同的鷂，其實都是東方澤鷂。若欲細分究竟是何型、性別及年齡，最好的方法是拍下影像記錄，事後詳加比對，運氣好時或許還能找到其他種鷂。

　　飛行氣質上，鷂屬與其他猛禽頗為不同，顯得相當搖擺不定，尤其在低飛覓食時，通常緩慢低飛，時而似要降落、時而短暫懸停、時而快速翻身，雙翼時而左傾、時而右傾，給人十分不穩定的感覺。

　　本種度冬及遷移時常成 2~5 隻的鬆散小群，而其他 3 種稀有的鷂都有可能與之混群，宜每一隻都細看或拍下。

原始林	次生林	河湖水域	**草澤溼地**	草原荒地	裸岩懸崖	城鎮

何處尋覓

偏好長有大片高草的開闊溼地，尤其是蘆葦原，但這類棲地目前僅台灣西南沿海的部分溪口與農場可見，為其較穩定的度冬地。也會利用一般溼地或休耕水田，但因草澤面積小，通常都僅短暫出現。秋季於墾丁地區集結的遷移個體常停棲於牧草原休息。鷂屬習於低飛，易遭遮掩，觀鷹人搜尋時應反覆搜索低空，也需搜索地面、田埂或短樁等可能的停棲處。

東方澤鵟 （東方澤鷂）
Circus spilonotus

大陸型（灰頭）♂成鳥

大陸型♀成鳥

大陸型（黑頭）♂成鳥

停棲形態

●成鳥台灣可見 2 種不同羽色的地區族群，分別來自亞洲大陸及日本，且同一地區族群內尚有色型的歧異。大陸型：雌雄異型。雄鳥全身大致為黑白兩色。（灰頭型）頭部灰色或灰褐色，眼黃色，臉灰黑色，四周由細白斑圍繞顏盤，其外輻射褐色縱紋至頭頂及頸部。背部及覆羽為灰黑色，雜有白斑。前頸至胸部有褐色細縱紋。（黑頭型）頭部及頸部全黑，上胸有粗黑縱紋，背部黑白斑駁狀。兩種色型的翼端皆為黑色。腹部、脛羽、尾下覆羽及尾上覆羽白色，尾淡灰色。雌鳥全身大致為斑駁的褐色。臉灰褐色，亦有輻射狀細紋以及顏盤輪廓。眼黃色。頭頂及頸部羽色較淺，布滿褐色縱紋。飛羽有數道橫帶。腹面及脛羽淡色，密布紅褐色縱紋。尾褐色，有 6~8 道橫帶，尾上覆羽淡皮黃色。

日本型♀成鳥

日本型♀幼鳥

停棲形態

日本型：雌雄近似。雄成鳥近似大陸型雌成鳥。全身大致為斑駁的褐色。飛羽有數道不明顯橫帶。腹面淺褐色，有深褐色縱紋。<u>尾褐色，有 6-8 道深色橫帶，但中央尾羽灰色</u>，尾上覆羽白色帶有暗褐色斑紋、或淺褐色。雌鳥全身大致為褐色或略紅褐色，<u>無明顯斑紋，尾亦然</u>，尾上覆羽淺褐色。裸足，足黃色。翼尾皆長，翼尖達尾端。

● 幼鳥由於成鳥色型複雜，幼鳥亦然，可能有多種羽色變化。但皆以褐色為主，似雌成鳥。眼為褐色。其中一型的<u>頭部、胸部及小覆羽為乳白色</u>，推測為日本型雌幼鳥，其乳白色面積會隨年齡成長而縮小。第 3 曆年達成鳥羽色。

191

東方澤鵟 （東方澤鷂）

Circus spilonotus

大陸型（灰頭）♂成鳥

大陸型♀成鳥

大陸型（黑頭）♂成鳥

飛行辨識

● 頭輪廓修長。翼及尾皆窄長，指叉 5 枚中等長。體型略大於鵲鵟與灰鵟，翼
顯得較寬。

● 雄成鳥有多種色型，大陸型雄成鳥可由頭胸部間非黑白分明、背部無三叉戟
而與鵲鵟雄成鳥區分；由頭部非純灰色而與灰鵟雄成鳥區分。大陸型雌成鳥與
日本型成鳥則可由尾上覆羽非純白色而和鵲鵟與灰鵟區分，雖然大陸型雌成
的飛羽及尾羽有橫帶，但日本型雌成鳥可由純色無紋的飛羽及尾羽認出，其
級飛羽基部顏色淺，形成翼窗。

● 飛行方式為典型的鵟屬，雙翼上揚成淺 V 形，常略傾向一側，於低空鼓翼與
翔交錯使用，緩慢前進搜索地面的獵物。

192

L: 48~58cm　WS: 113~137cm

大

展長比：2.7　　尾翼比：0.35

日本型♂成鳥

日本型♀成鳥

日本型幼鳥

相似種辨異

- 灰鷂體型較小，雄成鳥頭為灰色，背面為一致的淡灰色。雌成鳥飛羽及尾部橫帶明顯，「白腰」明顯。
- 鵲鷂體型較小，雄成鳥頭為黑色，背面有黑色三叉戟形。雌成鳥背面亦有三叉戟形，尾部橫帶較明顯，「白腰」明顯，腹部白色。
- 西方澤鷂體型近似，雄成鳥頭部及背面為褐色。雌成鳥頭部為皮黃色，全身無斑紋。

西方澤鵟

Circus aeruginosus
(Linnaeus, 1758)

種名源自拉丁文 *aerugo*=copper rust=銅鏽、*osus*=full of=布滿，意為「布滿銅鏽的」。學名全意為「全身銅鏽色的鵟」

英名：Eurasian Marsh-Harrier
其他中名：西方澤鷂、白頭鷂（中）
狀態：迷鳥

出現於恆春龍鑾潭的新記錄猛禽西方澤鵟

劉川／攝

1	2	3	4	5	6	7	8	9	10	11	12

觀察時機

雖是迷鳥，但因來自北方，以 9~11 月的秋季遷移期較有機會。如同其他鵟屬，不畏惡劣天候且終日皆會活動。

　　本種在分類上與東方澤鵟分分合合，有些時期被視為同一種、有些時期被視為2種。近年的分類學更重視歧異的獨特性，多數專書視為2種，大致底定，即「西方澤鵟」與「東方澤鵟」。兩種鵟合起來廣布整個歐亞大陸北方，西方澤鵟分布於歐洲至中亞，最東的界線是新疆、蒙古一帶，再往東就成了東方澤鵟的範圍了。秋季時所有西方澤鵟族群都會南遷度冬，歐洲的族群會到非洲度冬，中亞的族群則到印度度冬，離台灣還有頗遙遠的距離。

　　台灣博物學的開創者英人斯文豪氏（Robert Swinhoe）於1865年3月在打狗鯨背山（今高雄半屏山）同時記錄到這兩種鵟，但並未獲取標本為證，其後150餘年來台灣從無任何西方澤鵟的記錄。由於鵟屬羽色的歧異度甚高，斯文豪是否將某型東方澤鵟誤認為西方澤鵟？已成無解之謎。然而，日本於1989年有一筆確認的西方澤鵟記錄，菲律賓亦曾有記錄，證明了本種迷途飛往東南方的可能性是存在的。

　　2019年11月，幾位在恆春鎮旁的龍鑾潭畔拍鳥的攝影者意外拍到一隻羽色怪異的鵟，幸好照片很清晰，經比對很快確認是西方澤鵟的雄成鳥，成為本種在台灣的首筆確認記錄，也終結了一個半世紀以來的漫長等待。

　　除了本種，中北亞還有2種鵟會南遷至印度度冬，華南也曾有少數紀錄：烏灰鷂（*Circus pygargus*）與草原鷂（*Circus macrourus*），是可以期待的鵟屬新目標。

原始林	次生林	河湖水域	草澤溼地	草原荒地	裸岩懸崖	城鎮

何處尋覓

與東方澤鵟的棲地相同，偏好長有大片草本植被的開闊溼地。兩者很可能共域出現，所有東方澤鵟曾穩定出現之處，都是可能的地點。

西方澤鵟 (西方澤鵟)

Circus aeruginosus

♂ 成鳥

♀ 成鳥

未成鳥

停棲形態

● 成鳥雌雄異型。雄鳥頭淺褐色,眼黃色,眼四周灰黑色,頭頂及喉部羽色較
淺,圍繞顏盤的細白斑不明顯、其外輻射褐色縱紋至頭頂及頸部。背部褐色,
翼灰色、尖端黑色。腹面及脛羽紅棕色,胸部有許多白色縱紋。尾灰色,尾上
覆羽褐色,有時雜有白斑。雌鳥全身大致褐色,頭頂及喉部米黃色,臉褐色連
至後頸,似戴眼罩。眼褐色,老成鳥轉為黃色。背部及翼褐色,肩部米黃色。
腹面深褐色,下胸通常有1道淡色斑塊。尾及尾上覆羽皆褐色,無橫帶。裸
足,足黃色。翼尾皆長,翼尖達到尾端。

● 幼鳥似雌成鳥,但全身羽色更深褐。臉部亦有眼罩斑,眼褐色。胸部及翼前緣
無淡色斑塊。第3曆年達成鳥羽色。

♂成鳥

L: 43~54cm　WS: 115~145cm

大

展長比：2.6　　尾翼比：0.35

♀成鳥

未成鳥

飛行辨識

● 輪廓修長。翼及尾皆窄長，指叉 5 枚中等長。

● 雄成鳥上翼面呈現明顯的 3 色：<u>背及覆羽形成褐色三角形、翼及尾灰色、翼端黑色</u>。下翼面米黃色或淡褐色，翼端黑色，翼後緣鑲灰邊但不甚明顯。雌成鳥及幼鳥皆為深褐色，且是 4 種鵟的雌成鳥及幼鳥中唯一全無斑紋者，但可見頭頂、喉部、下翼面初級飛羽基部的羽色特別淡。不論雌雄，成鳥的<u>翼前緣通常有大小不一的米黃色斑塊</u>，幼鳥則無。

● 雙翼上揚呈淺 V 形，於低空鼓翼與滑翔交錯使用，緩慢前進搜索地面的獵物。

相似種辨異

● 東方澤鵟體型相同，大陸型雄成鳥的頭部及背部為灰黑色，腹部為白色。雌成鳥及幼鳥頭部無「眼罩」，尾部有不明顯橫帶，飛羽亦有若干條紋。

● 灰鵟及鵲鵟體型較小，雄成鳥羽色明顯不同。雌成鳥尾部有橫帶，有白腰。

鵲鷂 | *Circus melanoleucos* (Pennant, 1769)

種名源自希臘文 *melas*=black=黑、*leukos*=white=白，意為「黑白兩色的」。學名全意為「黑白兩色的鷂」

英名：Pied Harrier
其他中名：花澤鵟
狀態：過境鳥

鵲鷂雄成鳥   廖本興／攝

| 1 | 2 | 3 | 4 | 5 | 6 | 7 | 8 | 9 | 10 | 11 | 12 |

觀察時機

僅見於春秋季遷移期，包括 9~10 月及 3~4 月間。過境期間於每一處僅短暫停留，很少超過 2 天，須把握時機。不畏惡劣天候，於強風、陰雨等天氣仍飛行無礙，全天候，終日皆活動，晨昏最活躍，中午最不活躍。

　　雖然本種近年習稱「花澤鵟」，但基於與屬名一致的理由，本書改採其原有中名「鵲鷂」。「鵲」是對應英名中的「Pied」，專指如同喜鵲般黑白兩色的鳥。

　　在猛禽的世界裡，雖然體型上雌鳥總是大於雄鳥，但羽色上多數種類雌雄間並無太大差異，然而鷂屬卻是最顯著的例外。鷂屬猛禽的雄鳥都有鮮明的黑白羽色，且每種的黑白配色都不同，但雌鳥卻總是黯淡的褐色，彷彿不敢掠美的低調村婦。而在婚配制度上，鷂屬更是猛禽中極少數盛行「一夫多妻制」的類群，也就是一隻雄鳥常同時與兩隻以上的雌鳥配對與繁殖。也因為這樣的特殊演化，使得鷂屬族群中雄鳥總是少於雌鳥，也更突顯見到雄鳥的難得。

　　所有鷂屬雄鳥都擁有帥氣的外貌，而鵲鷂雄鳥獨特的「三叉戟」配色更是令人驚豔，即使以全世界所有猛禽來比較，其俊俏程度也可名列前矛。台灣能見到這麼美麗的猛禽，實在很難得。

　　鵲鷂僅分布於東北亞，冬季遷移至東南亞度冬，在度冬地有集體夜棲的習性，天黑前會有數十隻群集低空紛飛的景象，宛如台灣可見的黑鳶黃昏晚點名。可惜台灣並非其主要度冬地，雖然早年曾有極少數度冬的記錄，但已多年不復見，近年來僅於春秋兩季偶爾過境台灣，且皆為單隻，是觀鷹人極為期待的稀有鷹種。

　　在辨識上，雄成鳥的羽色獨特，辨識毫無困難，但雌成鳥及幼鳥則與其他鷂屬非常相似，需細心分辨。

原始林	次生林	河湖水域	草澤溼地	草原荒地	裸岩懸崖	城鎮

何處尋覓

如同其他鷂屬，為偏好草原的曠野性猛禽，乾溼草原皆會利用，在台灣最常出現在水田與溼地草澤，短暫覓食與休息。以春季在北部溼地出現的記錄較多。

鵲鷂（花澤鵟）

Circus melanoleucos

♂成鳥

♀成鳥

停棲形態

●成鳥雌雄異型。雄鳥全身大致為黑白兩色，醒目易辨。頭、胸及背部為黑色。眼黃色。翼端及中覆羽黑色，次級飛羽、初級覆羽及肩部灰白色。腹部、脛羽、尾下覆羽及尾上覆羽白色，尾淺灰色。雌鳥全身大致褐色。眼黃色或黃褐色，臉部自眼為中心向四周輻射細紋，周圍由白色細斑環繞，形成圓形顏盤。飛羽灰色，有3道黑色窄橫帶，收攏時仍可見。胸部有褐色粗縱紋，腹部及脛羽白色。尾淡灰色，有4~5道褐色窄橫帶，尾上覆羽白色。裸足，足黃色。翼尾皆長，翼尖比尾端稍短。

●幼鳥背面深褐色。雄鳥眼黃色、雌鳥眼褐色，眼周淡色。腹面及翼下覆羽紅褐色。可能在第2曆年達成鳥羽色。

L: 43~50cm　WS: 110~125cm

中

展長比：2.5　　尾翼比：0.35

♂成鳥

♂成鳥

♀成鳥

飛行辨識

● 輪廓修長。翼及尾皆窄長，指叉 5 枚中等長。

● 雄成鳥全身黑白兩色對比明顯。頭黑，背面黑色部分形成三叉戟形、腹面除翼端黑外全白。雌成鳥較斑駁，背面由褐色形成的三叉戟不甚突顯但仍可見，飛羽及尾部灰色，皆有窄橫帶，翼上覆羽及腹部白色明顯。幼鳥背面深褐色，無斑紋，僅白腰明顯，腹面大致紅褐色，翼外半段色淡，有數道窄橫帶。

● 飛行方式為典型鷂屬，於低空鼓翼與滑翔交錯使用，滑翔時雙翼上揚呈淺 V 形。

相似種辨異

● 東方澤鷂體型較大，大陸型雄成鳥亦為黑白兩色為主，但頭、頸及背部帶有褐色、且雜有許多白色斑駁，背面無清楚的黑色三叉戟形。雌成鳥尾部無明顯橫帶，背面無三叉戟形，腹部非白色。

● 灰鷂雄成鳥頭為灰色，背面無黑色三叉戟形。雌成鳥背面無三叉戟形，腹部非白色，翼與尾的橫帶更寬而明顯。

● 西方澤鷂體型較大，雄成鳥的頭部及背部為褐色。雌成鳥全身皆無條紋，無清楚的「白腰」，羽色明顯不同。

灰鷂

Circus cyaneus (Linnaeus, 1766)

種名源自拉丁文*cyaneus*=blue，意為「蒼藍色」。
學名全意為「蒼藍色的鷂」

英名：Hen Harrier
其他中名：灰澤鵟、白尾鷂（中）
狀態：冬候鳥、過境鳥

在蘭陽溪口度冬的灰鷂雄成鳥　　　　　　　　　　　　　　陳介鵬／攝

1	2	3	4	5	6	7	8	9	10	11	12

觀察時機

稀有的冬候鳥及過境鳥，於 9~4 月間有機會見到，記錄遠少於東方澤鷂，但兩者可能共域出現。不畏惡劣天候，於強風、陰雨等天氣仍可見飛行。全天候、終日皆活動，晨昏尤其活躍。

　　本種在台灣習稱「灰澤鵟」，基於與屬名一致的理由，本書改採其舊有中名「灰鷂」。本種可棲息於乾旱草原，名稱無需加上「澤」字。

　　灰鷂的繁殖範圍恰相當於東方澤鷂與西方澤鷂兩者的聯集，也就是整個歐亞大陸北方，且可達到更北，進入北極圈內，是典型的北國猛禽，所以其英名也曾稱為 Northern Harrier，即「北鷂」之意（但此英名現專指另一種北美洲的鷂）。如同許多北方猛禽，灰鷂所有族群都會南遷度冬，然而不像其他的鷂會進入熱帶如東南亞、印度、非洲等地，灰鷂的度冬範圍仍然維持在溫帶，僅少數抵達華南及中南半島的北部，台灣是其度冬範圍的邊陲地帶，能抵台者可說是少數中的少數，所以歷年來一直都很稀有。

　　鷂屬是平原上的猛禽，照理說平原的視野遼闊，交通發達，要尋獲應不難，但實際上並非如此容易，一來牠常飛很低，觀察者的視線易遭芒草、樹木或建物遮擋，二來牠對人很警覺，遠遠就會避開，三來因每天的活動範圍與模式並不固定，不易掌握。然而，牠通常會挑選一處安全的地點做為夜棲地，且沿用多日。如果觀鷹人能掌握到大致的夜棲範圍，那麼在清晨與黃昏耐心守候，就有很好的機會見到牠早出晚歸的過程。

　　在辨識上，灰鷂雄鳥並沒有困難，但雌鳥及幼鳥與其他鷂屬相似，需仔細分辨。不過最困難的不是辨識，而是稀有性，觀鷹人宜把握鷂屬來台度冬數量較多的年份，追蹤較普遍的東方澤鷂，或許就會幸運找到伴隨的灰鷂。

| 原始林 | 次生林 | 河湖水域 | **草澤溼地** | **草原荒地** | 裸岩懸崖 | 城鎮 |

何處尋覓

如同其他鷂屬，為偏好草原的曠野性猛禽，適應性廣，乾溼草原皆會利用，在北方尚包括疏林荒原、半沙漠與高原。在台灣主要出現在草澤溼地，移動能力強，會避開人煙頻繁之處，不易追蹤。可嘗試搜尋過境鳥常利用的溼地周遭人跡較罕至的大片草澤，以北台灣的溼地機會較大。

灰鷂（灰澤鵟）
Circus cyaneus

♂成鳥

♀成鳥

停棲形態

●成鳥雌雄異型。雄鳥頭、頸、背面及上胸淡灰色。眼黃色。初級飛羽黑色。下胸、腹部及脛羽白色。尾灰色，尾上覆羽白色。雌鳥全身大致褐色。頭部淡褐色，眼褐色，老成轉為黃色，眼周淡色，耳部褐色較深，臉部四周由細白斑圍繞顏盤、其外輻射褐色縱紋至頭頂及頸部。背部及翼褐色。腹面皮黃色，布滿縱紋，於胸部較密。尾褐色，有3~4道深色橫帶，愈接近尾端者愈粗黑明顯。尾上覆羽白色。裸足，足黃色。翼中等長，翼尖達尾部約 3/4 處。

●幼鳥似雌成鳥，但背部的褐色更深。雄鳥眼黃色、雌鳥眼褐色。腹面偏紅褐色，縱紋較細。尾端黑帶較窄。第 3 曆年達成鳥羽色。

L: 43~54cm　WS: 98~124cm

中

展長比：2.4　　尾翼比：0.39

♂成鳥

♀成鳥

飛行辨識

- 輪廓修長。翼及尾皆窄長，指叉 5 枚中等長，尾比其他 3 種鷂稍長。
- 雄成鳥頭及背面淺灰色，下翼面全白，僅翼端黑色、翼後緣鑲灰邊，甚易辨。雌成鳥「白腰」甚明顯，尾部橫帶明顯。下翼面有 3 道深色翼帶，是 4 種鷂中翼紋最明顯者。幼鳥似雌鳥，但下翼面次級飛羽羽色較暗。
- 飛行方式為典型鷂屬，於低空鼓翼與滑翔交錯使用，滑翔時雙翼上揚呈 V 形。

相似種辨異

- 東方澤鷂體型較大，大陸型雄成鳥的頭部及背部為深色。雌成鳥尾部無明顯橫帶、無清楚的「白腰」，下翼面飛羽無明顯條紋。
- 鵲鷂雄成鳥頭為黑色，背面有黑色三叉戟形。雌成鳥背面亦有三叉戟形，尾部橫帶較窄，腹部白色，下翼面飛羽雖有條紋，但不若本種粗而明顯。
- 西方澤鷂體型較大，雄成鳥的頭部及背部為褐色。雌成鳥全身皆無條紋，無清楚的「白腰」，羽色明顯不同。

205

遊隼 | *Falco peregrinus* Tunstall, 1771

種名源自拉丁文*peregrinus*＝wanderer，意為「遊蕩者」。學名意為「遊蕩的隼」

英名：Peregrine Falcon
其他中名：游隼（中）、隼
狀態：留鳥、冬候鳥

遊隼非常偏好懸崖

陳世中／攝

| 1 | 2 | 3 | 4 | 5 | 6 | 7 | 8 | 9 | 10 | 11 | 12 |

觀察時機

上一世紀主要出現狀態為冬候鳥，於 10~4 月間可見，春秋季則可見到遷移中的個體，僅有極少數在東北角繁殖的案例。但近十年來在北部岩岸繁殖的案例大增，其他地區也經常見到幼鳥，因此現今主要狀態已成為留鳥，終年可見。飛行能力甚強，即使強風或陰溼天氣仍不影響其飛行，會在黃昏捕食蝙蝠，為全天候的猛禽。

　遊隼是極富特色的猛禽，保有鳥類中的兩項世界記錄：一是世界上速度最快的鳥類，俯衝時的瞬間時速可超過 300 公里；二是與魚鷹同為世界上分布最廣的鳥類，廣布全球各大洲，予人遊蕩四海的豪情，此乃「遊隼」名稱的由來。牠的飛行技巧高超，可運用多種方式飛行與獵食，平時緩緩翱翔於高空，一旦鎖定並追捕飛鳥，加速度驚人，獵物到手後，會落在習慣的定點開始拔毛處理，此時空中碎羽紛飛，令人印象深刻。

　因廣布全球，遊隼有多達 15 個亞種。以往台灣的遊隼主要是來自北方的冬候鳥，但近年繁殖案例漸增，已漸成為留鳥。不論冬候鳥或留鳥，常見的族群有清楚的白頰，應是源自北方的 *peregrinus/japonensis* 亞種，但確實的亞種歸屬尚待研究，本書暫稱為「白頰亞種」。此外，台灣近年出現一種頭部全黑的遊隼，起初只在南部，後來中北部記錄也漸增，判斷已在台灣繁殖並擴散。這種黑頭族群應該是來自菲律賓的 *ernesti* 亞種，本書暫稱為「黑頭亞種」。

　在隼科中，遊隼是體型很大的一員，辨識上並不困難。但因雄鳥體型遠小於雌鳥，加以幼鳥羽色差異很大，遠距離時仍會令人困惑，此時應以輪廓來判斷。除了飛行輪廓較粗壯外，停棲時有「鴿胸」的感覺，也就是較寬的肩部及較飽滿的胸部，其餘隼科並無此特徵。觀鷹人見到遊隼時，若能看清楚頭型，記下是「白頰亞種」或「黑頭亞種」，對於瞭解這兩個亞種在台灣的現況會有所幫助。

　遊隼僅於繁殖期較常鳴叫，鳴聲為聒噪響亮的「啊、啊、啊」連續單音。

原始林	次生林	河湖水域	草澤溼地	草原荒地	裸岩懸崖	城鎮

何處尋覓

典型的曠野性猛禽，偏好有制高點的曠野，天然環境以多懸崖的海岸及山區為其最愛。在無懸崖的地區則會利用高壓電塔或高大的橋墩棲息，也常落在平原的地面進食或短暫休息。此外，少數個體非常適應都市，會棲息於高樓大廈高處的突緣，以鴿子等都市鳥類為食。綜言之，從海岸到高山幾乎任何環境都有可能出現。觀鷹人若搜尋空中未見，可嘗試搜尋懸崖、電塔、曠野的地面等處。

遊隼

Falco peregrinus

黑頭亞種成鳥

白頰亞種成鳥

白頰亞種幼鳥

停棲形態

●成鳥雌雄近似。有 2 亞種，主要是頭部羽色不同。白頰亞種：體型較大，頭灰黑色，**眼下有 1 道寬黑髭斑，後頰有 1 塊白斑**。黑頭亞種：體型較小，**除喉部外頭部全黑**。眼暗褐色，眼圈黃色，蠟膜黃色。背面藍灰色。腹面白色或淡皮黃色，胸部中央有黑色細縱紋，胸側、腹部及脛羽密布黑色橫紋。尾灰色，有多道不甚明顯的深色窄橫帶，僅末端帶較寬而明顯。雌鳥明顯大於雄鳥，腹部的橫紋較粗密。裸足，足黃色，中趾特長。翼長，翼尖接近尾端。

●幼鳥背部褐色。腹面淡皮黃色或淡赤褐色，密布縱紋。白頰亞種的黑髭斑比成鳥窄尖。第 2 曆年達成鳥羽色。

208

L: 38~51cm　WS: 84~120cm

中

展長比：2.2　　尾翼比：0.42

成鳥

幼鳥

飛行辨識

● 身軀粗壯，<u>翼較其他隼寬</u>，基部寬而末端尖，成梯形。<u>尾較其他隼寬短</u>，通常微張，也常打開成扇形。

● 成鳥可藉由臉型及背腹兩面的黑白對比認出，但幼鳥腹面較深暗，黑頭亞種幼鳥腹面尤其深暗。

● 飛行時雙翼水平，僅翼端略上揚。滑翔間常快速鼓翼 3~5 下，中等深淺。

相似種辨異

● 燕隼的白頰形狀不同，有 2 道黑斑。體型較小、身軀修長。翼形更窄尖。尾較細。腹面的縱斑比本種幼鳥粗，翼下羽色較暗。成鳥尾下覆羽為紅褐色。

209

燕隼

Falco subbuteo Linnaeus, 1758

種名源自拉丁文 *sub*=below=次於、*buteo*=buzzard=鵟,意為「小於鵟的」。學名全意為「小於鵟的隼」

英名:Eurasian Hobby
狀態:過境鳥

秋過境期出現於觀音山的燕隼　　　　　　　　　　　林文宏／攝

1	2	3	4	5	6	7	8	9	10	11	12

觀察時機

以 9~10 月的秋過境期為主,尤其是 10 月。春季亦偶見。近乎全天候,整個白天皆活動,但以溫和的天氣最易見。

　　在隼屬猛禽中，燕隼類（Hobby）是一群相當俊俏的小型猛禽，牠們像是瘦身縮小後的遊隼，雖然失去了強大的力量，卻增添了幾分優雅與敏捷，是極少數能在空中捕捉燕子與雨燕的猛禽，同時，牠本身的輪廓也神似一隻大雨燕，所以被稱為「燕隼」真是再恰當不過了。

　　燕隼繁殖於整個歐亞大陸北方，在台灣是完全過境鳥，並無留下度冬者。且秋季的記錄遠多於春季，這表示牠南下與北上的遷移路徑可能不相同。牠在秋季隨同其他遷移性猛禽一起出現，但並不急著趕路，相反的，牠通常會在一地短暫滯留，於空中覓食一陣子，覓食方式是在高空直線滑翔，長距離來回折返於同一地區上空。因此若發現燕隼飛遠消失，可耐心繼續等候，很可能一刻鐘後牠會再度出現。燕隼在空中捕捉的獵物以昆蟲為主，例如蜻蜓、金龜子等，會用腳抓著獵物在空中邊飛邊進食。觀鷹人若自地面觀察，見到原本直線滑翔的燕隼突然加速、俯衝或翻身，就表示牠正在打獵；再來如果放慢速度，毫無目的地飄飛，低頭就爪，就是正在進食。若昆蟲太少，牠才會轉而抓小型鳥，也會在黃昏捕捉剛起飛的蝙蝠。

　　在辨識上，燕隼與遊隼在遠距離且光線不佳的情況下有可能搞混，因為有些較瘦小的雄遊隼體型並不比燕隼大很多，而遊隼幼鳥因腹面是縱紋也常被誤認為燕隼。此外紅腳隼的雌鳥與幼鳥也常被誤認為燕隼。總之，觀鷹人宜看久一點或拍下照片，仔細比對後再判斷。

　　燕隼通常單獨遷移，偶爾可見 2 隻前後隔一段距離同行前進。

原始林	次生林	河湖水域	草澤溼地	草原荒地	裸岩懸崖	城鎮

何處尋覓

秋季過境期在各地低海拔丘陵及稜線的上空皆有機會見到，墾丁社頂尤為穩定的觀察點。會在空中迅捷滑翔與獵食，與地面的棲地型態相關性不大，但在飛蟲豐富的地點可能會逗留更久。停棲時喜歡選擇丘陵上視野良好的枯樹枝頭或高壓電塔上。

燕隼
Falco subbuteo

成鳥

幼鳥

停棲形態

● 成鳥雌雄同型。頭頂、後頸及背部鼠灰色或藍灰色，眼暗褐色，眼圈黃色，蠟膜黃色，眼上方有 1 短而細的白色眉線，<u>眼下有 1 道窄長的黑色髯斑，其後另有 1 道很短的直斑</u>。頸側、喉及腹面白色，胸腹部密布黑色縱斑。尾羽及尾上覆羽灰色，有多道淡色細橫帶。<u>下腹部、尾下覆羽及脛羽橙色</u>。裸足，足黃色。翼尖略超過尾端。

● 幼鳥與成鳥相似，但背面的羽色略帶褐色。<u>尾下覆羽及脛羽為皮黃色</u>。第 2 曆年達成鳥羽色。

212

L: 32~37cm WS: 72~84cm

小

展長比：2.5   尾翼比：0.40

成鳥

幼鳥

飛行辨識

●翼甚窄長，翼端甚尖，後掠明顯，似大型雨燕。尾長，但不若紅隼般細長。整體感覺纖瘦修長。近距離可見翼後緣呈鋸齒狀。

●臉部及背腹兩面的黑白對比通常可自遠距離看出，白色的臉頰較遊隼大而明顯。尾下的橙色部分在飛行中常因速度太快而不易看出，但若能看出即可確認。

●飛行時雙翼水平。

相似種辨異

●遊隼體型較大且身軀粗壯，翼與尾都較寬。髭斑較粗，白色臉頰面積較小。尾下無橙色。

●紅腳隼雌鳥與幼鳥體型較小，眼圈、蠟膜及腳帶橙色。翼較寬，翼端較不尖，後緣鑲黑邊。腹面有不規則橫斑。

213

紅隼 | *Falco tinnunculus* Linnaeus, 1758

種名源自拉丁文 *tinnulus*=bell-ringer，意為「似鈴聲的」。學名全意為「鳴聲似鈴聲的隼」

英名：Eurasian Kestrel
其他中名：茶隼
狀態：冬候鳥

紅隼雄成鳥

劉川／攝

1	2	3	4	5	6	7	8	9	10	11	12

觀察時機

尚稱普遍的冬候鳥，於 10~3 月間於全台各地穩定度冬，3~4 月間陸續遷移北返。近乎全天候，不畏陰溼、寒冷、強風等不佳天氣，整個白天皆活動，黃昏時仍會捕食蝙蝠。

　　隼科猛禽給人的感覺多半是在高空騁馳，雖然帥氣，卻高高在上，難以親近。紅隼卻是例外，牠通常在低空覓食，常停棲於鄉間路邊的電桿上，少數甚可生活於城鎮之中，宛如鄰家的小孩般，是隼科中最親近人類的一員。同時，紅隼是典型的曠野猛禽，不論飛行或停棲都明顯易見，個性既溫馴又大方，可以說是最適合初入門的觀鷹人觀察的對象。

　　紅隼正如其名，是台灣猛禽中羽色最紅的一員，在辨識上不成問題。與牠非常相似的黃爪隼在台灣尚無記錄，可不予考慮。除了利用羽色來辨識，紅隼還有一項最好用的行為特徵——懸停，就是定點停在空中，藉以搜尋地面的獵物。牠是最善於利用懸停方式獵食的猛禽，在遠距離無法看清羽色時，觀鷹人可以利用其懸停的行為來辨識。此外，懸停是利用逆風的力量而達到平衡，懸停的猛禽頭部一定正對著風的來向，恰好可做為判斷風向的風標。

　　紅隼的飛行非常輕巧，氣質上相當活潑而輕鬆，可輕易地由地面盤旋至高空、一會兒又滑翔至低空，滑翔間經常鼓翼，鼓翼快而淺，似乎僅擺動翼端。常抓著小型獵物在空中邊飛邊進食。領域小且性情溫和，在小型棲地為單獨生活，但在大的棲地可有數隻共同利用。遷移時通常單獨行動或二、三隻零散地同行。

　　紅隼並不常鳴叫，其鳴聲為非常急促的連續單音「喀喀喀喀……」。幼鳥、冬候鳥初抵度冬地時、與其他猛禽爭鬥時等幾種時機較常鳴叫。

| 原始林 | 次生林 | 河湖水域 | 草澤溼地 | 草原荒地 | 裸岩懸崖 | 城鎮 |

何處尋覓

典型的曠野猛禽，習於在裸地或短草地上覓食，以平原農地最易見，海岸線及離島也常見。中高海拔有大片草地的農場偶爾可見。極少數個體可生活於城鎮內。不飛時習慣停在地面上突起的土堆或地物、獨立木、電塔、電桿或電線、樓房簷角等處，若不受干擾會重複使用同一棲位。

紅隼
Falco tinnunculus

♂成鳥

♀成鳥

停棲形態

●成鳥雌雄異型。雄鳥頭部<u>鼠灰色或藍灰色</u>，眼暗褐色，眼圈黃色，蠟膜黃色，眼下有 1 道窄尖、不甚醒目的深色鬢斑。<u>背部及翼上覆羽為磚紅色，散布黑色斑點</u>，飛羽黑色。腹面淡皮黃色，有許多黑褐色縱斑。<u>尾羽及尾上覆羽灰色，無斑紋</u>，僅尾末端有 1 道粗黑橫帶及 1 道細白橫帶。雌鳥頭及背面為紅褐色。<u>背部及翼上覆羽密布黑色橫斑</u>。尾紅褐色，有多道暗色窄橫帶，末端亦有粗帶及細白帶。翼上覆羽褐色或灰色，有深色橫斑。裸足，足黃色，爪黑色。翼尖達尾長約 3/4 處，尾末端黑帶未被翼遮住。

●幼鳥與雌成鳥非常相似，背面的深色橫斑更粗而密，但野外甚難分辨。尾上覆羽若為灰色且無斑紋則可確認為雄性幼鳥。第 2 曆年達成鳥羽色。

L: 33~39cm　WS: 68~76cm

小

展長比：2.2　尾翼比：0.47

♂成鳥

♀成鳥

♀成鳥（懸停）

飛行辨識

● 翼窄長，滑翔時尾細長，整體輪廓纖瘦修長。但盤旋或懸停時常將尾全張，形成很大的扇形。
● 腹面色淡，但背部的紅褐色與翼端的黑色對比明顯，自遠距離即可看出。
● 飛行時雙翼水平。鼓翼快而淺。經常懸停。

相似種辨異

● 黃爪隼體型較小。中央尾羽較突出。雄鳥背上無斑點。爪為黃白色。
● 灰背隼雌鳥體型較小，翼形較寬短。背面褐色但不帶赤色，無橫斑。飛行時下翼面色較深。尾羽橫帶較明顯。飛行極迅捷，不懸停。

黃爪隼

Falco naumanni Fleischer, 1818

種名源自德國人Johann Friedrich Naumann的姓。學名
全意為「紀念Naumann氏的隼」

英名：Lesser Kestrel
狀態：尚未記錄

在南非度冬的黃爪隼雄成鳥　　　　　　　　　　　　Warwick Tarboton ／攝於南非Springfontein

1	2	3	4	5	6	7	8	9	10	11	12

觀察時機

雖然尚無記錄，未來應於春秋季遷移期較有機會。

　黃爪隼是繁殖於歐亞大陸北方較乾旱地區的小型隼，其繁殖範圍西起西南歐，東至蒙古，相當廣大。絕大部分的族群於冬半年會遷往南方度冬，且不論東方或西方的族群，度冬地都在非洲中南部。換言之，分布於最東方的蒙古的族群其遷移路徑與紅腳隼非常相似，都是飛往西南方萬里之遙的非洲。

　儘管台灣並不在其正常的遷移路徑上，但既然路徑類似的紅腳隼早已在台灣出現，且更東方的日本也已有記錄，台灣似乎沒有理由不會出現。其實台灣曾有數筆疑似的目擊記錄，但因無影像證據，無法被認定為正式記錄。雖然如此，本書仍予收錄，以做為觀鷹人的參考。

　本種與紅隼非常相似，僅雄成鳥有清楚的差異，雌成鳥與幼鳥都很難由遠距離認出，這也是本種一直難以確認是否存在的原因之一。雖然有些書上提到中央尾羽略突出是其特徵之一，但有些紅隼個體也是如此，因此這個特徵其實稱不上是特徵。牠最明確的特徵在於淡色的爪，其他隼屬的爪都是黑色，牠則是白色或淡黃色，這就是「黃爪隼」名稱的由來。因此觀鷹人若在野外遇見停棲於近距離的紅隼，不妨用望遠鏡細看牠的爪，說不定台灣第一筆確認的黃爪隼就這樣產生了。

　黃爪隼在習性上最特殊之處是群居，在其繁殖地通常成數十對的規模集體營巢並集體獵食。筆者曾旅行於西班牙的一處小鎮，見到許多黃爪隼集體營巢於一座已成廢墟的數百年古堡上，數十隻來回翱翔的景象令人印象深刻。牠們幾乎完全以昆蟲為食，對於抑制蝗害有很大的貢獻。

原始林	次生林	河湖水域	草澤溼地	草原荒地	裸岩懸崖	城鎮

何處尋覓

雖然尚無記錄，遷移期於主要的猛禽遷移調查點可能有機會，也包括離島。

黃爪隼

Falco naumanni

♂成鳥

♀成鳥

停棲形態

●成鳥雌雄異型。與紅隼極相似，僅有如下差異：<u>雄鳥背部無斑點</u>，上翼面大覆羽為藍灰色。眼下髭斑更不明顯或完全缺如。<u>爪白色或淡黃色</u>。雌鳥髭斑較紅隼更細、較灰而不明顯。背面的橫斑較窄，腹面縱紋較稀疏，然而整體而言仍甚難區分。翼尖比紅隼更接近尾端。

●幼鳥與雌成鳥非常相似，僅背面的橫斑更粗而密，但野外甚難分辨。第2曆年達成鳥羽色。

L: 26~31cm WS: 62~73cm

小

展長比：2.4　尾翼比：0.49

♂成鳥

♀成鳥

飛行辨識

● 與紅隼相似，但翼略寬、翼端較不尖。雄鳥上翼面大覆羽為藍灰色 。中央尾羽較突出。

● 雖然也會懸停，但頻度與時間都少於紅隼。較常飄飛。

● 紅隼體型略大。爪為黑色。雄鳥背上有斑點。尾較長，中央尾羽較不突出。經常懸停。

221

灰背隼

Falco columbarius
Linnaeus, 1758

種名源自拉丁文*columbarius*=pigeon keeper，意為「看鴿者」。學名全意為「食鴿的隼」

英名：Merlin
狀態：冬候鳥

短暫出現於大安溪畔的灰背隼雌成鳥

吳志典／攝

1	2	3	4	5	6	7	8	9	10	11	12

觀察時機

稀有的冬候鳥，但冬季在一地通常不會停留太久，於春秋季在猛禽遷移調查點較有機會。

　灰背隼與遊隼、紅隼及燕隼一樣，都是分布非常廣的隼科猛禽，灰背隼廣布於整個北半球的北方，冬季遷往南方度冬，是大部分北半球國家都有記錄的猛禽。然而這 4 種台灣早就有記錄的隼科中，其他 3 種每年在台灣都穩定可見，灰背隼卻極為稀有，雖已不算迷鳥，但至今記錄仍非常少，並非每年都有。以分布圖來看，日本與華南都屬其度冬地，介於其間的台灣卻如此稀少，原因費解。

　在隼科中，灰背隼的體型很小，卻有其獨特之處。最大的特點在於牠的飛行方式，外國鳥書常以「疾如閃電」來形容，因牠典型的飛行方式是在低空直線而高速地飛行，有時突然通過觀鷹人頭頂附近，速度之快令人連望遠鏡都來不及對焦。且灰背隼不只是快，還有極靈活的轉彎與俯衝能力，憑藉這些高超的身手突襲在地面覓食的小鳥，可以想見那小鳥可能連黑影都還沒看清就已喪命魔爪下。當我們在原野上觀鳥時，若見到地面的小鳥群突然紛飛四竄，甚至發出淒厲警戒叫聲時，很可能是有猛禽出現了，若同時見到閃過低空的快速黑影，那麼灰背隼就是可能的嫌犯之一。

　在辨識上，灰背隼的羽色並不難認出，但因體型小且飛行速度快，常令人無法看清，因而造成誤判。尤其灰背隼的翼形較不尖、尾較長、雌鳥的尾部有多條橫帶，很容易被誤認為小型鷹屬，但台灣的鷹屬猛禽不會在曠野的低空如此迅速飛行。最穩當的辨識還是以牠停棲時為佳，灰背隼常停棲於曠野的地面、或稀疏樹木上休息，觀鷹人需把握這樣的時機看清。

原始林	次生林	河湖水域	草澤溼地	草原荒地	裸岩懸崖	城鎮

何處尋覓

曠野的猛禽，能適應各類原野環境，以在空曠地活動的小型鳥為食，在台灣曾有記錄的地點都是鳥類相當豐富的平原與溼地，例如台北關渡、嘉義鰲鼓。常停棲在地上休息。

灰背隼

Falco columbarius

♂成鳥

♀成鳥

停棲形態

●成鳥**雌雄異型**。雄鳥頭頂及臉頰藍灰色，喉白色，後頸栗褐色。眼暗褐色，蠟膜黃色，<u>眼上方有 1 道短而細的白色眉線</u>，眼後有 1 道不明顯的黑色眼線，眼下有 1 道不明顯的深色髭斑。<u>背部藍灰色</u>，初級飛羽黑色。腹面栗褐色，布有深色縱斑。尾灰色，末端帶寬黑明顯。雌鳥全身大致栗褐色，<u>白色眉線長而明顯</u>。背部深褐色，淺色羽緣形成斑點狀。腹面白色，密布褐色縱斑。<u>尾褐色，約有 6 道黑色橫帶</u>，末端帶較粗。裸足，足黃色。翼尖達尾長約 3/4 處。

●幼鳥與雌成鳥非常相似，野外難以分辨。第 2 曆年達成鳥羽色。

224

L: 24~32cm　WS: 53~73cm

小

展長比：2.3　尾翼比：0.53

♂成鳥

♀成鳥

飛行辨識

- 輪廓稍粗短的小型隼，翼較其他隼寬短，翼端較不尖，指叉較其他隼明顯，且雌鳥及幼鳥尾有多道橫帶，非常容易被誤認為是小型鷹屬。但整體翼形輪廓仍比小型鷹窄而尖。
- 雙翼水平。通常於低空直線前進，滑翔與迅速鼓翼交錯，飛行速度甚快。

相似種辨異

- 燕隼及紅隼的體型略大，輪廓較修長，翼較窄長，翼端較尖。
- 小型鷹屬的翼較寬圓，飛行速度平緩。

紅腳隼 | *Falco amurensis* Radde, 1863

種名源自拉丁文 *amur*=Amur=黑龍江、 *ensis*=belonging to=屬於，意為「屬於黑龍江的」。學名全意為「屬於黑龍江的隼」

英名：Amur Falcon
其他中名：阿穆爾隼、東方紅腳隼
狀態：過境鳥

秋過境期偶見的紅腳隼雄成鳥

林文宏／攝

1	2	3	4	5	6	7	8	9	10	11	12

觀察時機

於春秋季遷移期皆有機會，分別是 3~5 月、10~11 月。其中尤以 10 月的記錄最多。

　　全世界的猛禽雖然羽色各異，但腳大多是黃色的，僅極少數是其他顏色。在歐亞大陸北方有 2 種隼的外形很相似，且腳都是紅色的，所以都被稱為「紅腳隼」。分布於東方者範圍較小，僅繁殖於東北亞黑龍江一帶，所以學名及英名都用黑龍江的英文 Amur 來命名，中名是「紅腳隼」，也稱為「阿穆爾隼」。分布於西方者範圍大多了，由中北亞一直到歐洲，英名是 Red-footed Falcon，中名則是「西紅腳隼」。需注意兩者的中、英文名容易讓人混淆。

　　紅腳隼生活於東北亞的疏林草原，以大型昆蟲為主食，包括蝗蟲、甲蟲等，對於抑制蝗害有很大的貢獻。冬半年須往南方度冬，其遷移路徑是鳥類中相當奇特的，自東北亞向西南穿越印度及阿拉伯海，最終抵非洲南部度冬，這個遙遠的跨洲遷移單程就達 1 萬 4 千公里了，是所有猛禽中距離最長的跨海遷移。其正常遷移路徑並不經過台灣，所以台灣早期並無記錄，直到 1991 年 4 月才由在蘭嶼進行角鴞研究的梁皆得攝得一隻雄成鳥，成為台灣新記錄。

　　在 1991 年發現後，又多年無記錄，直到 2010 年 10 月東北角的田寮洋突然出現一群至少 15 隻的紅腳隼，令人驚喜。之後幾年記錄漸增，台灣本島多處及金門、馬祖先後被人目擊，其狀態不再是迷鳥，已成為稀有的過境鳥。

　　本種雄成鳥的辨識毫無困難，但雌鳥與幼鳥與燕隼頗相似，需注意細分。若在停棲狀況下需細看其蠟膜與腳的顏色，若顏色偏橙就是本種。此外，紅腳隼是群集性很高的隼，會成大群遷移與度冬，如上文提及台灣就曾有 15 隻成群的記錄，而台灣其他隼都無群集性，因此若見到成大群的隼，很可能就是本種。

原始林	次生林	河湖水域	草澤溼地	草原荒地	裸岩懸崖	城鎮

何處尋覓

大多出現於平原與溼地，例如雙北的金山、關渡、貢寮田寮洋、新竹港南等，離島於金門、馬祖都有記錄。常停棲於電線、電桿上。

紅腳隼
Falco amurensis

♂成鳥

♀成鳥

停棲形態

● 成鳥雌雄異型。雄鳥全身大致深灰色。眼暗褐色、眼圈及蠟膜紅色。背面灰黑色，腹面灰色較淺，下腹部、脛羽及尾下覆羽橙色。裸足，足紅色。雌鳥頭灰黑色，喉及頸側白色，眼圈及蠟膜橙黃色，眼下有 1 道窄鬢斑，蠟膜上方常有 1 小撮白色羽毛。背面灰黑色，有不明顯的黑色橫紋。腹面米黃色，密布黑色橫斑。下腹部、脛羽及尾下覆羽淺橙色。尾灰色，有多道黑色細橫帶，末端帶較寬。足橙黃色。翼長，翼尖達到尾端。

● 幼鳥似雌成鳥，但頭頂為褐色，有白色眉線，眼圈及蠟膜為橙黃色。背面各羽皆有淡褐色羽緣，腹面有許多黑色縱斑，腳為橙黃色。第 2 曆年達成鳥羽色。

228

L: 26~30cm WS: 63~71cm

小

展長比：2.4 尾翼比：0.41

♂成鳥

♀成鳥

飛行辨識

●輪廓似燕隼，但翼基部稍寬，尾稍長。

●雄成鳥的下翼面為黑白2色，對比明顯。雌鳥及幼鳥翼下淡色密布斑紋，翼端及翼後緣為黑色。

相似種辨異

●燕隼體型較大，翼較窄長，尾稍短。眼圈黃色，鬚斑較明顯。胸腹部全為縱紋。翼後緣未鑲黑邊。

黑翅鳶

Elanus caeruleus
(Desfontaines, 1789)

種名源自拉丁文*caeruleus*=dark，意為「深色的」。學名全意為「身上有黑色的某種鳶」

英名：Black-winged Kite
狀態：留鳥

已接近成鳥羽色的黑翅鳶幼鳥 　　　　　　　　　　　　　　　　林文宏／攝

1	2	3	4	5	6	7	8	9	10	11	12

觀察時機

留鳥，於適當的地點終年可見，幾近全天候，雖然終日都可能活動，但以晨昏最活躍，為其主要獵食時機。

　　黑翅鳶是台灣猛禽成員中狀態甚為特殊的一種，牠廣布於整個舊大陸熱帶乾旱地區，自華南、東南亞、印度、非洲至南歐都可見，於各地都是留鳥。以往是金門尚稱普遍的留鳥，但台灣並無記錄。1998 年 3 月在東北角的貢寮首度出現，但僅 1 天就消失了。1999 年起有數隻在雲林出現且長期滯留，根據當地鳥類調查者翁榮炫的記錄，自 2001 年起這一小群黑翅鳶開始築巢繁殖並多次繁殖成功，成為台灣新的留鳥猛禽。之後，這些西南部的小族群開始擴散，沿著西海岸平原逐步於各地繁殖及建立領域，2010 年後連東部及雙北市也已有繁殖族群。而今，黑翅鳶已是台灣全島平原上都可見的普遍猛禽。

　　台灣的鳥類名錄在這 25 年來有巨幅成長，增加了 200 種以上的新記錄種，但絕大多數是候鳥與迷鳥，能定居下來且建立穩定族群的極少，而黑翅鳶以掠食者之姿竟能搶灘成功，實屬罕例。究其原因之一，黑翅鳶只要食物充足，終年都可繁殖，此為熱帶猛禽的特色。

　　黑翅鳶屬是一群極具特色的猛禽，除了羽色黑白對比醒目，行為習性亦頗特異，例如飛行迅捷靈巧，鼓翼方式特殊，善懸停，停棲時尾部常上下擺動等。本屬尚具有很強的晨昏行性，分布於澳洲的紋翅鳶（*Elanus scriptus*）甚至可在夜間獵食，是日猛禽中的異數。

　　黑翅鳶極善於捕鼠，對於農田防治鼠害及減少毒鼠藥的用量可有極大貢獻。近年屏東科技大學孫元勳教授所主持的鳥類生態研究室團隊倡導在農田架設人工棲架，吸引黑翅鳶停棲進而留駐，可幫助農民捕鼠，經試驗後已獲致顯著成效，可成為善待土地的滅鼠良方。

原始林	次生林	河湖水域	草澤溼地	草原荒地	裸岩懸崖	城鎮

何處尋覓

台灣本島及金門。以平原為主，在疏林的高樹上築巢繁殖，至農田、草原、廢耕田、溪床等短草開闊地上獵食，也會到丘陵與台地上較空曠的墾殖地獵食。常停棲於草原荒地上的獨立樹或電線桿上。

黑翅鳶
Elanus caeruleus

成鳥

幼鳥

停棲形態

● 成鳥雌雄同型，但有細微差異（見飛行辨識）。頭白色，頭頂灰色，眼紅色、有短黑眼後線。蠟膜黃色。背面、翼及尾淡灰色，肩部（小覆羽及中覆羽）黑色。腹面白色。裸足，足黃色。翼長尾短，翼尖超過尾端。

● 幼鳥眼黃褐色，頭頂、頸側及胸上有淡黃褐色縱紋，背面淡褐色，有許多白斑，肩部褐色，尾羽末端有不明顯淡褐色橫帶。第 2 曆年達成鳥羽色。

L: 31~37cm　WS: 77~92cm

中

展長比：2.5　　　尾翼比：0.31

成鳥

幼鳥

飛行辨識

● 頭大頸短。翼長，基部寬而末端尖，呈三角形。尾短。

● 頭白而眼框黑，上翼面可見淡灰色的飛羽與黑色的覆羽對比明顯，下翼面則是白色的覆羽與黑色的飛羽對比明顯，極易辨識。雌鳥次級飛羽與初級飛羽同樣是黑色，雄鳥次級飛羽則是灰色。幼鳥背面褐色，腹面亦有褐色斑紋，尾有末端橫帶。

● 飛行速度甚快，鼓翼深，滑翔時雙翼上揚呈深 V 形，經常於低空懸停覓食。

相似種辨異

● 鵲鷂體型較大。頭為黑色。背部的黑色為三叉戟形。

● 在昏暗且遠距離的情況下似隼科，但隼科翼較窄尖，除了紅隼並不懸停。

233

*排列順序依最大翼展的大小

台灣猛禽形值分類表

鳥種	體長(cm)	翼展(cm)	體型	展長比	尾翼比	寬長	寬短	中間	窄長	窄尖	有	無
林鵰	67~81	164~178	大	2.6	0.37	■					7	
蛇鵰	65~74	150~169	大	2.4	0.32	■					7	
熊鷹	63~80	140~165	大	2.2	0.41		■				7	
東方蜂鷹	57~61	121~135	大	2.3	0.34			■			6	
蒼鷹	47~59	106~131	中	2.0	0.52		■				6	
灰面鵟鷹	47~51	102~115	中	2.4	0.38				■		5	
鳳頭蒼鷹	40~48	74~90	中	1.8	0.55		■				6	
北雀鷹	30~40	60~79	小	2.1	0.56		■				6	
黑冠鵑隼	28~35	64~74	小	2.2	0.35		■					*
松雀鷹	25~36	51~70	小	1.8	0.55		■				5	
褐耳鷹	25~35	48~68	小	1.9	0.51		■				5	
赤腹鷹	25~30	52~62	小	2.2	0.45					■	4	
日本松雀鷹	23~30	46~58	小	2.0	0.52		■				5	
禿鷲	100~120	250~295	巨	3.2	0.20	■					7	
白尾海鵰	75~98	199~228	巨	2.5	0.25	■					7	
白腹海鵰	70~85	178~218	巨	2.6	0.22	■					6	
白肩鵰	68~84	176~216	巨	2.6	0.28	■					7	
花鵰	59~71	157~179	大	2.7	0.25	■					7	
白腹鵰	55~67	142~175	大	2.5	0.34	■					6	
魚鷹	56~62	147~169	大	3.0	0.26				■		5	
黑鳶	58~69	157~162	大	2.6	0.34				■		6	
大鵟	57~67	143~161	大	2.5	0.34	■					5	
西方澤鵟	43~54	115~145	大	2.6	0.35				■		5	
毛足鵟	53~61	129~143	大	2.6	0.33			■			5	
靴隼鵰	42~51	113~138	大	2.7	0.31			■			6	
東方鵟	50~60	122~137	大	2.6	0.33			■			5	
東方澤鵟	48~58	113~137	大	2.7	0.35				■		5	
栗鳶	44~52	110~125	中	2.4	0.27			■			6	
鵲鷂	43~50	110~125	中	2.5	0.35				■		5	
灰鷂	43~54	98~124	中	2.4	0.39				■		5	
遊隼	38~51	84~120	中	2.2	0.42					■		*
黑翅鳶	31~37	77~92	中	2.5	0.31					■		*
燕隼	32~37	72~84	小	2.5	0.40					■		*
紅隼	33~39	68~76	小	2.2	0.47					■		*
黃爪隼	26~31	62~73	小	2.4	0.49					■		*
灰背隼	24~32	53~73	小	2.3	0.53					■		*
紅腳隼	26~30	63~71	小	2.4	0.41					■		*

鳥種	停棲形態								
	背部色系						虹膜色系		
	深褐	淡褐	紅褐	黑/深灰	灰/藍灰	白/淡灰	黃	暗	紅
林鵰	●							●	
蛇鵰	●						●		
熊鷹	●						●		
東方蜂鷹	●深	●淡					●♀	●♂	
蒼鷹					●		●		
灰面鵟鷹			●				●		
鳳頭蒼鷹	●						●		
北雀鷹	●♀				●♂		●		●老♂
黑冠鵑隼				●				●	
松雀鷹	●						●		
褐耳鷹	●♀				●♂		●♀	●♂	
赤腹鷹					●		●♀	●♂	
日本松雀鷹	●♀				●♂		●♀		●♂
禿鷲	●							●	
白尾海鵰	●						●		
白腹海鵰					●			●	
白肩鵰	●							●	
花鵰	●							●	
白腹鵰	●						●		
魚鷹	●						●		
黑鳶	●							●	
大鵟		●					●		
西方澤鵟	●						●		
毛足鵟		●					●	●	
靴隼鵰	●							●	
東方鵟		●						●	
東方澤鵟	●♀			●♂			●		
栗鳶			●					●	
鵲鷂	●♀			●♂			●		
灰鷂	●♀					●♂	●		
遊隼				●				●	
黑翅鳶						●			●
燕隼				●				●	
紅隼			●					●	
黃爪隼			●					●	
灰背隼			●♀		●♂			●	
紅腳隼				●♂	●♀			●	

林鵰

蛇鵰

熊鷹

東方蜂鷹

蒼鷹

0	50	100	150	200	250	300

比例尺（單位cm）

森林的猛禽

台灣猛禽飛行輪廓剪影

灰面鵟鷹

鳳頭蒼鷹

北雀鷹

黑冠鵑隼

松雀鷹

褐耳鷹

赤腹鷹

日本松雀鷹

| 0 | 50 | 100 | 150 | 200 | 250 | 300 |

比例尺 （單位 cm）

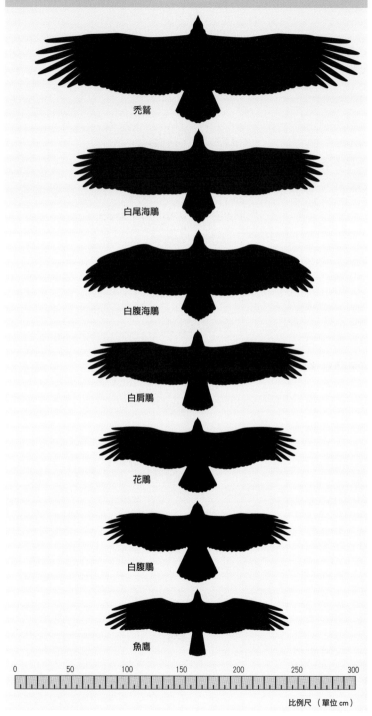

曠野的猛禽

禿鷲

白尾海鵰

白腹海鵰

白肩鵰

花鵰

白腹鵰

魚鷹

0   50   100   150   200   250   300

比例尺（單位 cm）

曠野的猛禽

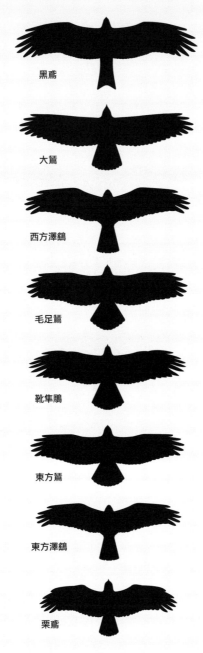

黑鳶

大鵟

西方澤鵟

毛足鵟

靴隼鵰

東方鵟

東方澤鵟

栗鳶

0　　　　50　　　　100　　　　150　　　　200　　　　250　　　　300

比例尺（單位 cm）

鵟鷹

灰鵟

遊隼

黑翅鳶

燕隼

紅隼

黃爪隼

灰背隼

紅腳隼

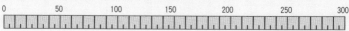

0　　　　50　　　　100　　　　150　　　　200　　　　250　　　　300

比例尺（單位 cm）

辨識猛禽的流程

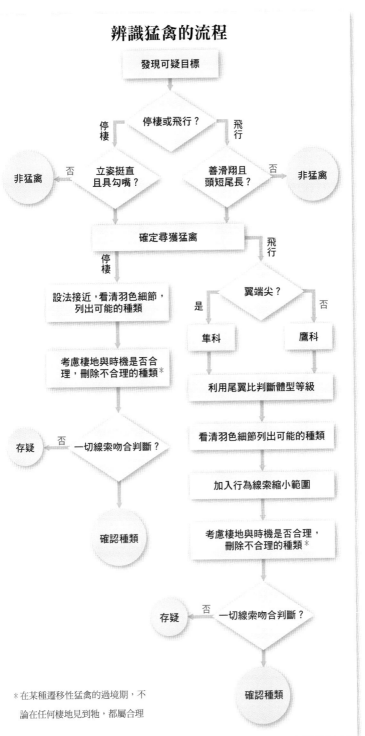

發現可疑目標

停棲或飛行？

停棲 / 飛行

立姿挺直且具勾嘴？ — 否 → 非猛禽

善滑翔且頭短尾長？ — 否 → 非猛禽

確定尋獲猛禽

停棲 / 飛行

設法接近，看清羽色細節，列出可能的種類

考慮棲地與時機是否合理，刪除不合理的種類*

一切線索吻合判斷？ — 否 → 存疑

確認種類

翼端尖？

是 / 否

隼科 / 鷹科

利用尾翼比判斷體型等級

看清羽色細節列出可能的種類

加入行為線索縮小範圍

考慮棲地與時機是否合理，刪除不合理的種類*

一切線索吻合判斷？ — 否 → 存疑

確認種類

＊在某種遷移性猛禽的過境期，不
論在任何棲地見到牠，都屬合理

【英名索引】 （包括屬名、學名、俗名）

【中名索引】（包括屬名、正式中名、俗名）

延伸閱讀

關於台灣的猛禽

台灣猛禽研究（期刊，自 2003 起發行之半年刊）。台灣猛禽研究會。

陳兼善、于名振。1984。臺灣脊椎動物誌（第二次增訂，下冊）。台灣
　　商務印書館。

劉小如、丁宗蘇、方偉宏、林文宏、蔡牧起、顏重威。2012。台灣鳥類
　　誌第二版。行政院農委會林務局。

蕭木吉、李政霖。2015。臺灣野鳥手繪圖鑑。行政院農委會林務局／台
　　北市野鳥學會。

關於世界的猛禽

Clements, J.F., T.S. Schulenberg, M.J. Iliff, S.M. Billerman, T.A. Fredericks,
　　B.L. Sullivan, and C.L. Wood. 2019. The eBird/Clements checklist of
　　birds of the world: v2019. Downloaded from https://www.birds.cornell.
　　edu/clementschecklist/download/.

Del Hoyo, J., A. Elliott and J. Sargatal (Eds). 1994. Handbook of the birds of
　　the world. Vol. 2. New World Vultures to Guineafowl. Lynx Edicions,
　　Barcelona.

Ferguson-Lees, J. and D.A. Christie. 2001. Raptors of the world. Christopher
　　Helm, London.

Forsman, D. 2016. Flight identification of raptors of Europe, North Africa
　　and the Middle East. Helm, London.

山形則男。2016。タカ・ハヤブサ類飛翔ハンドブック。文一綜合出版
　　社，東京。

真木広造。2012。ワシ・タカ・ハヤブサ識別 鑑。平凡社，東京。

高瑋。2002。中國隼形目鳥類生態學。科學出版社，北京。

森岡照明、叶內拓哉、川田隆、山形則男。1995。日本のワシタカ類。
　　文一綜合出版社，東京。

作者後記

　　每個人的一生中總會著迷於某些美好的事物，有些人狂戀精品或名車、有些則成為藝人或運動員的粉絲。平凡如我者自不例外，但耽溺的程度更甚一般，如同遭到下蠱般，毒發時總令我坐立難安、無法不看到天空，甚至於無法待在都市裡，這終生之蠱就是──猛禽。

　　身為在都市長大的小孩，遭到鷹蠱的侵襲是很奇異的經驗。回想起來，幼年時曾短暫住在淡水河邊，常站在陽台凝望河面，大人總以為這小孩喜歡河流或是小船，卻不知是那河面上時時翻飛的黑鳶，將想飛的蠱毒深植於幼小心霊。青少年時期，家母常帶我去登山，雖然只是郊山，卻更確定我喜愛大自然的個性。猶記 17 歲那年，初加入台北鳥會，認識了五股溼地，於是每每在準備聯考的壓力下，獨自帶著課本搭車而後走進五股溼地廣大的蘆葦原中央，靜坐整個下午，時而低頭唸書、時而仰望天空中共飛的黑鳶、魚鷹、澤鵟與紅隼，遼闊的蘆原與多鷹共飛的景象至今仍歷歷在目。

　　許多好友問我：為何如此喜歡猛禽？我常回答：猛禽美麗、英勇、殘暴、嗜血、放蕩、孤傲、不群、絕對的不凡、絕對的不羈，這麼多「罄竹難書」的美德，能不欽羨嗎？仔細想想，猛禽確有許多值得人們深思的特質。以棲地而言，即使住在一片小小林子的小鷹，也會時常飛至雲端，八方遠眺，牠們擁有最寬廣的天空、最遼闊的視野，還有什麼動物能和天一樣高、用神的角度俯視人間呢？以食性而言，牠所吃的每一口食物，都賴辛勤捕獵所得，即使面對凶悍的獵物，也全力拚搏、毫不退縮，但一旦吃飽了，絕不會去捕殺多餘的獵物，如此自食其力卻又如此不貪非分，對於不知努力或需索無度的人，難道不是強烈的映照嗎？

　　觀鷹多年，已數不清見過多少鷹了，幾乎每一隻鷹，都是從出現的瞬間一直看到消失的剎那。觀鷹對我而言已不只是欣賞，也希望能做些科學的記錄，更望能從中領悟一些大自然的道理，甚至於對人生的反思。以是之故，我總是將看鷹稱為「觀鷹」，不僅是觀賞、是觀察，更是觀天地、觀自在。

　　多年來，以鷹蠱超級傳播者的祕密身分，我總是偷偷將鷹蠱傳染給同樣熱愛自然的友人們，讓他們也成為與我一樣的「觀鷹人」。遺憾的是，隨著台灣經濟不斷起飛，猛禽仍不免遭到各種迫害，以個人或小眾的默默關心已不足以挽回漸行漸遠的天空之翼。為了集結更大的力量，1994 年我與同好們發起成立「台灣猛禽研究會」，期以社團的力量喚起

社會大眾一起關心猛禽。然而我發現，要引導大眾去認識對他們完全陌生的猛禽，我們還缺乏一本完善的圖鑑。

很幸運地，2006年在遠流出版公司台灣館的策劃下，我有機會撰寫《猛禽觀察圖鑑》一書，本書包括觀察猛禽的基本方法及辨識圖鑑，對我而言更是公然散發鷹蠱的利器。本書出版後有幸頗受好評，不僅許多觀鳥人樂於做為工具書，更多購買者是並無觀鳥經驗的普羅大眾，包括許多青少年與學童，顯見猛禽能喚起人們心中熱愛生命與大自然的天性，正達到我寫書的初衷。

一轉眼十餘年過去了，「猛禽」不僅早已成為鳥人們熱衷欣賞與觀察的對象，在社會上也逐漸成為耳熟能詳的名詞。隨著觀鷹人士的增加，累積了猛禽辨識上的新知，也增加了數種新記錄。我們決定增訂《猛禽觀察圖鑑》，更新過時內容，納入新知，提供大眾一本更新更好的猛禽圖鑑。

不論當年的初版或現在2020年的增訂版，這本書如果沒有鄭司維老師的合作，那我就不必寫了。是司維兄精美的繪圖為讀者打開一扇扇亮眼的窗，使原本枯燥的書成為美麗又實用的圖鑑，引領讀者進入多采多姿的猛禽世界。司維兄是國內知名的設計家與大學設計系副教授，我很慶幸能與這樣的名家合作。

遠流出版公司台灣館的編輯同仁們十餘年來二度為這本書付出心力，尤其總編輯黃靜宜小姐的精心策劃，初版編輯洪致芬小姐及增訂版編輯張詩薇小姐日夜加班趕工，我銘感在心。非常感謝台灣師範大學教授也是台灣猛禽研究會理事長林思民老師賜序，為本書增色，思民兄是我30年來在生態道路上並肩互勉的摯友，他精博的學識、幽默感、與待人的誠摯始終令我欽佩。

我總覺得，猛禽是上天派來展現大自然之美的翱翔天使。個人希望這本圖鑑的增訂，能讓這些野性天使飛得更高更遠、台灣的自然生態更受關注，為保育略盡棉薄之力。

2020年3月

繪者後記

　　自 2006 年參與《猛禽觀察圖鑑》的繪製到現在，這不長不短的十餘年間台灣又增加了新的猛禽種類，而我也從 40 歲的壯年變成 50 幾歲的中年大叔。這本書對我的影響很深遠，我會搬到新店的住處，也是因為從陽台就可以看到在天上翱翔的大冠鷲。去年年中接到遠流出版公司總編輯靜宜的電話，通知這本書要重新改版，當我知道需要繪製新圖時，立刻二話不說、滿腔熱切期待的答應了，因為當初參與這本書第一版的繪製，曾帶給我極大的樂趣與成就感，跟文字作者林文宏和編輯群的合作非常愉快。這次的增訂版除了原本的 33 種猛禽外，又新增 4 個鷹種，再加上局部修正初版的圖繪，共需再畫 26 幅圖，我幾乎是每天下了課就迫不及待地投入繪圖工作，而新的繪圖工具也讓我如虎添翼般的，得以在進度規劃內順利完成。

　　圖鑑繪製是屬於科普插畫的一種，早期在日本稱為「博物繪」。若有人問我怎樣的圖鑑插畫才是最好的？是具備高明的繪畫技巧？是畫得很精細逼真？其實這個問題很難回答。以前我覺得姿態生動與立體感是重要的，對於很多圖鑑的插畫趨於平面與生硬的姿態評價不高。但親身參與後卻有不同於以往的發現：圖鑑繪製與設計工作一樣，具有很強的目的性，插畫比照片更能提供清楚辨識物種特徵的功能，它能免除環境造成的色差，還有強烈光影造成的斑紋干擾，有些鷹種的辨識重點在特定部位，若不透過插畫刻意選定角度、姿態呈現，光用攝影很難辦到。圖鑑插畫不同於一般繪畫創作，它在收與放之間要拿捏得宜恰到好處，所有繪製的物種要呈現最經典與標準的形態，又不能硬梆梆死板板，畢竟我們表現的是活生生的動物而不是標本。總之，能夠為台灣新增的物種用畫筆記錄，是一件非常開心的事。

2020年3月

猛禽觀察圖鑑 全新增訂版
A Field Guide to the Raptors of Taiwan

作者／林文宏
繪者／鄭司維

編輯製作／台灣館
總編輯／黃靜宜
初版執行編輯／洪致芬
初版美術設計／鄭司維、黃慧甄
初版地圖繪製／柯佩秀
增訂版執行編輯／張詩薇
增訂版封面設計／鄭司維
增訂版美術行政統籌／丘銳致
增訂版內頁編排協力／黃齡儀（中原造像）
行銷企劃／叢昌瑜、沈嘉悅

發行人／王榮文
發行單位／遠流出版事業股份有限公司
地址／ 104005 台北市中山北路一段 11 號 13 樓
電話／（02）25710297 傳真／（02）25710197 劃撥帳號／ 0189456-1
著作權顧問／蕭雄淋律師
輸出印刷／中原造像股份有限公司
□ 2020 年 3 月 25 日新版一刷
□ 2024 年 3 月 10 日新版六刷

定價 500 元（缺頁或破損的書，請寄回更換）

ISBN 978-957-32-8745-2

YL遠流博識網 http://www.ylib.com Email: ylib@ylib.com

國家圖書館出版品預行編目（CIP）資料

猛禽觀察圖鑑／林文宏著；鄭司維繪 . -- 二版 . --
臺北市：遠流，2020.04
　　248 面；21.1×12.1 公分 . --（觀察家）

ISBN 978-957-32-8745-2（平裝）

1. 鷹形目　2. 圖錄　3. 臺灣

388.892025　　　　　　　　　109002984